工程設計領域

電腦輔助平面製圖認證指南

AutoCAD 2016

（內附認證範例題目、範例試卷及簡章）

U0072824

財團法人中華民國電腦技能基金會
Computer Skills Foundation　編著

全華股份有限公司　印行

如何使用本書

一、本書內容

- 第一章 TQC+ 專業設計人才認證說明：
  介紹 TQC+ 認證架構與證照優勢，以及如何報名參加。

- 第二章 領域及科目說明：
  介紹該領域認證架構與認證測驗對象及流程。

- 第三章 範例題目練習系統安裝及操作說明：
  教導使用者安裝操作本書所附的範例題目練習系統。

- 第四章 電腦輔助平面製圖範例題目：
  可供讀者依學習進度做平常練習及學習效果評量使用。本書範例題目內容為認證題型與命題方向之示範，正式測驗試題不以範例題目為限。

- 第五章 測驗系統操作說明：
  介紹 TQC+ 工程設計領域 電腦輔助平面製圖 AutoCAD 2016 認證之模擬測驗操作與實地演練，加深讀者對此測驗的瞭解。

- 第六章 範例試卷：
  含範例試卷三回，可幫助讀者作實力總評估。

　　本書章節如此的編排，希望能使讀者儘速瞭解並活用本書，進而通過 TQC+ 的認證考試。

二、本書適用對象

- 學生或初學者。
- 準備受測者。
- 準備取得 TQC+ 專業設計人才證照者。

三、本書使用方式

　　請依照下列的學習流程，配合本身的學習進度，使用本書之範例題目進行練習，從作答中找出自己的學習盲點，以增進對該範圍的瞭解及熟練度，最後進行模擬測驗，藉以評估自我實力是否可以順利通過認證考試。

如何使用本書 — 瞭解本書的使用方式與開始前的準備工作。

安裝 範例題目練習系統 — 請參閱本書「第三章 範例題目練習系統安裝及操作說明」。

練習範例題目 — 使用範例題目練習系統進行練習，範例題目書面內容請參閱本書「第四章」。

安裝測驗系統 — 請參閱本書「第五章」5-1 節之操作步驟安裝測驗系統。

進行模擬測驗 — 請參閱本書「第五章」5-3 節之操作步驟，利用測驗系統進行模擬測驗。

進行評分

評估自我學習成果 — 請參閱本書「第五章」5-3 節之操作步驟，評估自我實力是否可以參加認證考試。

No

Yes

報名認證考試 — 請參閱本書「第一章」1-5 節及「附錄」TQC+ 認證簡章之內容步驟，報名參加認證考試。

軟硬體需求

使用本書光碟提供之「TQC+ 認證範例題目練習系統 電腦輔助平面製圖 AutoCAD 2016」、「TQC+ 認證測驗系統-Client 端程式」，所需要的軟硬體需求如下：

一、硬體部分

- ◆ 處理器：Intel Pentium 4 或 AMD Athlon 64 處理器以上等級
- ◆ 記憶體：4 GB 以上
- ◆ 顯示卡：需支持 OPEN GL1.5（或以上）之顯示卡
- ◆ 硬　碟：安裝完成後須有 6 GB 以上剩餘空間
- ◆ 鍵　盤：標準 AT 101 鍵或 WIN95 104 鍵
- ◆ 滑　鼠：標準 PC 或 MS Mouse
- ◆ 螢　幕：具有 1024 * 768 像素解析度以上的顯示器
- ◆ DVD 光碟機：4 倍速以上

二、軟體部分

- ◆ 作業系統：Microsoft Windows 7、Microsoft Windows 8/8.1 之中文版本。
- ◆ 應用軟體：AutoCAD 2016。
- ◆ 系統設定：Microsoft Windows 7、Microsoft Windows 8/8.1 中文版安裝後之初始設定。中文字型為系統內建細明體、新細明體、標楷體，英文字體為系統首次安裝後內建之字型。

商標及智慧財產權聲明

商標聲明

- ◆ CSF、TQC、TQC+和 ITE 是財團法人中華民國電腦技能基金會的註冊商標。

- ◆ AutoCAD 是 Autodesk 公司的註冊商標。

- ◆ Microsoft Windows 是 Microsoft 公司的註冊商標。

- ◆ 本書或光碟中所提及的所有其他商業名稱，分別屬各公司所擁有之商標或註冊商標。

智慧財產權聲明

光碟片使用說明

為了提高學習成效，在本書隨附的光碟中特別提供「TQC+ 認證範例題目練習系統 電腦輔助平面製圖 AutoCAD 2016」及「TQC+ 認證測驗系統-Client 端程式」，您可由 Autorun 的畫面上直接點選並安裝上述系統。

「TQC+ 認證範例題目練習系統」提供電腦輔助平面製圖 AutoCAD 2016 測驗題第一至廿類共計 578 餘道題目，操作題第一至六類共計 60 道題目。

「TQC+ 認證測驗系統-Client 端程式」提供三回電腦輔助平面製圖 AutoCAD 2016 測驗的範例試卷。

本光碟可自動 Autorun 啟動，若無法啟動，請以檔案總管點選光碟機:\Autorun.exe。您亦可採自行安裝之方式，各系統 Setup.exe 程式所在路徑如下：

- ◆ 安裝「TQC+ 認證範例題目練習系統 電腦輔助平面製圖 AutoCAD 2016」：
  光碟機:\TQCP2012CAI_AT6_Setup.exe

- ◆ 安裝「TQC+ 認證測驗系統-Client 端程式」：
  光碟機:\T3 ExamClient 單機版 setup.exe

- ◆ 瀏覽本光碟

希望這樣的設計能給您最大的協助，您亦可藉由 Autorun 畫面的「關於電腦技能基金會」選項，或進入 http://www.csf.org.tw 網站得到關於基金會更多的訊息！

序

根據調查，名列《財星》千大的頂尖企業，普遍借助 AutoCAD 軟體，進行創意設計的視覺化處理，實體性能之模擬與分析，節省大量的時間與成本、提高產品品質。此次 Autodesk 公司最新發佈的 AutoCAD 2016，又一次的劃時代之作，保留前一版本友善與便捷的操作介面，更有許多針對全球 AutoCAD 使用者的需求建議所加入的新指令及強化功能。

電腦輔助製圖是各行各業進行電腦化設計、製造過程中，必備的基本專業技能。本會開辦之 AutoCAD 各版本認證，均能精確地驗證考生專業能力，除了在業界廣受好評外；也於目前通過「教育部技專校院師生取得民間職業能力證書採認執行計畫」的評鑑與推薦。因此，有志從事相關行業之人員，均以取得本證照作為學習與訓練的目標。

創新設計的需求，帶動電腦輔助製圖軟體之快速進步，AutoCAD 版本也不斷地推陳出新，本會在最短的時間內聚集專家學者與產業代表，完成 AutoCAD 2016 技能規範之修訂及試題之命製與測試，並推出 AutoCAD 2016 認證，讓學習者有依循目標、讓業界用才有明確標準。

AutoCAD 2016 屬於「TQC⁺ 工程設計領域」認證，所以除了將電腦輔助製圖必備的知識和指令，融合到測驗題中；操作題除了基本的幾何圖面，更包括玩具與生活用品應用、機械設計應用、建築與室內設計應用，取材廣泛、應用實務。為幫助讀者掌握技能認證重點，本會出版「TQC⁺ 電腦輔助平面製圖認證指南 AutoCAD 2016」乙書。讀者若能充分運用本書，依照學習課程的範圍和進度，反覆練習本書所附之測驗題及操作題分類範例題目，必能掌握電腦輔助製圖的精髓，奠定堅實的學習基礎。除此之外，本會特別邀請 AutoCAD 業界的培訓名師吳永進、林美櫻老師編撰「TQC⁺ AutoCAD 2016 特訓教材-基礎篇」乙書，此一系列教材造就許多 AutoCAD 高手，在此推薦給讀者作為自學教材或工具書之參考。

大學錄取率年年攀高，大學文憑逐漸普及，證照取而代之成為各行各業聘雇人員專業能力之重要參考依據，代表「證照時代已經來臨！」建議讀者在經過一段時間的學習之後，報考並取得「TQC$^+$ 工程設計領域」的電腦輔助平面製圖（AutoCAD）證照，為您的職場生涯加分！

財團法人中華民國電腦技能基金會

董事長　　侯清雄

秘書長　　杜全昌

目 錄

第三章　範例題目練習系統安裝及操作說明

第四章　電腦輔助平面製圖範例題目

第五章　測驗系統操作說明

第六章　範例試卷

附錄

1

Chapter

TQC+
專業設計人才認證說明

1-1　TQC+ 專業設計人才認證介紹

一、新時代的挑戰

　　知識經濟與文創產業的時代，在媒體推波助瀾下鋪天捲地來臨，各產業均因此產生結構性的變化。在這個浪潮中，「設計」所帶來的附加價值與影響也日趨明顯。相同功能的產品，可以藉由精緻的外型設計讓銷售數字脫穎而出，性質相近的網站，也可以透過優良的介面設計與美工畫面，讓使用者持續不斷的湧入。因此，提升台灣產業界人才之設計能力，是當今最迫切的需求。優秀而充足的人力是企業提升設計能力的根基，但是該如何在求職人選中，篩選出具有「設計」能力的應徵者，卻是一件艱困的任務。

二、「設計」人才的誕生

　　財團法人中華民國電腦技能基金會，自 1989 年起即推動各項資訊認證，提供產業界充足的資訊應用人才，舉凡數位化辦公室各項能力，均為認證之標的項目。由於電腦技能發展至今，已從單純的輔助能力，變成了許多專業領域的必備職能，本會身為台灣民間最大專業認證單位，提供產業界符合新時代的專業人才，自是責無旁貸，因此著手推動「TQC+ 專業設計人才認證」。

三、知識為「體」，技能為「用」

　　TQC+ 專業設計人才認證的理念，是以「專業設計領域任職必備能力」為認證標準，分析各職務主要負責的業務與能力需求後，透過產官學研各界專家建構出該職務的「知識體系」與「專業技能」認證項目。知識體系是靈魂骨幹，提供堅強的理論基礎，專業技能則是實務應用，使之在工作上達成設計目標並產出實際之設計成品，兩者缺一不可。

四、架構完整，切合需求

　　TQC+ 專業設計人才認證除了協助企業有效篩選人才之外，同時也規劃了完整的學習進程與教材，提供了進入職場專業領域的學習方向。認證科目之間互相搭配，充分涵蓋核心知識體系與專業技能，期能藉由嚴謹的認證職能體系規劃與專業完善的考試服務，培育出符合企業需要的新時代「設計」人才！

1-2 TQC+ 專業設計人才認證內容

1-2-1 認證領域

　　TQC+ 認證依照職場人才需求趨勢，規劃出六大領域認證，包含：「建築設計 AD 領域」、「電路設計 CD 領域」、「工程設計 ED 領域」、「跨域設計 ID 領域」、「軟體設計 SD 領域」、「視傳設計 VD 領域」。各領域介紹及人員別如下：

　　「建築設計 AD 領域」追求的是滿足建築物的建造目的。包括環境角色的要求、使用功能的要求、視覺感受的要求等，在技術與經濟等方面可行的條件下，利用具體的建築材料，配合建物當地的歷史文化、景觀環境等，形成具有象徵意義的產物。常見的建築設計包括了建築外觀設計、空間規劃、室內裝修、都市計畫等。

　　「電路設計 CD 領域」發展歷史雖短，在電子產品快速發展的今天，已成為設計領域不可或缺的一環。電路賦予電子產品許多的功能。小至每天接觸的手機、數位相機、電子遊樂器，大至汽車中央控制電腦、自動化工廠設備等，只要有電子產品的地方，都會有電路。常見的電路設計包括積體電路設計、類比電路設計等。

　　「工程設計 ED 領域」主要的方向為各項產品的外型與線條，同時需考慮到產品使用時的人體工學與實用度。更深一層來說，還必須考量到產品的生產流程、材料選擇以及產品的特色等。工程設計領域的專業人員必須引導產品開發的整個過程，藉由改善產品的可用性，來增加產品的附加價值、減低生產成本、並提高產品的形象。

　　「跨域設計 ID 領域」乃因應跨領域人才共同參與設計專案的最新人才發展趨勢，所建立的認證領域架構。跨域設計的專業人員除需具備本職的專業能力及技能之外，還必須熟悉相關領域技術。能將各種不同領域的設計知識資源整合，在團隊中進行有效的溝通及協調，運用創造性思維解決各種問題狀況，達成串聯市場、技術與產品，整合企業資源，發展創新產品服務的目標。

「軟體設計 SD 領域」專注的是依照規格需求，開發能解決特定問題的程式。軟體設計通常以某種程式語言為工具，並與各種資料庫進行搭配。軟體設計過程有分析、設計、編碼、測試、除錯等階段，開發的過程中也需要注意程式的結構性、可維護性等因素。常見的軟體設計包含作業系統設計、應用程式設計、資料庫系統設計、使用者介面設計與系統配置等。

「視傳設計 VD 領域」著重的是藝術性與專業性，透過視覺傳遞的溝通方式，傳達出作者想提供的訊息。設計者以不同方式來組合符號、圖片及文字，利用經過整理與排列的字體變化、完整的構圖與版面安排等專業技巧，創作出全新的感官意念。常見的視傳設計包括了廣告、產品包裝、雜誌書籍及網頁設計等。

領　域　名　稱	人　員　別　名　稱
建築設計 AD 領域	• 建築設計專業人員 • 室內設計專業人員
電路設計 CD 領域	• 電路設計專業人員 • 電路佈局專業人員 • 電路佈線專業人員
工程設計 ED 領域	• 工程製圖專業人員 • 零件設計專業人員 • 機械設計專業人員 • 產品設計專業人員
跨域設計 ID 領域	• 創意 App 程式設計專業人員

領 域 名 稱	人 員 別 名 稱
軟體設計 SD 領域	• VB 程式設計專業人員 • Java 程式設計專業人員 • C#程式設計專業人員 • Windows Mobile 行動裝置程式設計專業人員 • Windows Phone 行動裝置程式設計專業人員 • Android 行動裝置應用程式設計專業人員 • Android 行動裝置進階應用程式設計專業人員
視傳設計 VD 領域	• 平面設計專業人員 • Flash 動畫設計專業人員 • 多媒體網頁設計專業人員 • 網頁設計專業人員 • 數位出版美術編輯專業人員

註：最新資訊請參閱 TQC+考生服務網 http://www.tqcplus.org.tw/

1-2-2　TQC+ 職務能力需求描述

在 TQC+ 專業設計領域中，我們依照職務能力需求的不同，訂定出甲級與乙級能力需求描述，做為認證規劃的標準。甲級的標準相當於 3 年以上專業領域工作經驗，可獨當一面進行各項任務，並具備該領域指導與規劃的整合能力；乙級的標準則是相當於 1 至 2 年工作經驗，或經過專業訓練欲進入該領域工作之人員，具備該領域就職必備能力，能配合其他人員進行各項任務。詳細說明請參閱下表：

 職務能力需求描述表

甲級--設計師/工程師能力需求

- 相當於 3 年以上專業領域工作經驗
- 具備該領域之獨立工作能力
- 具備該領域之整合、規劃及指導能力

乙級--專業人員能力需求

- 相當於 1 至 2 年工作經驗，或經過專業訓練欲進入該專業領域工作之人員
- 具備該領域就職必備能力
- 能接受設計師/工程師指示，與其他專業人員共同作業

1-3 TQC+ 專業設計人才認證優勢

1-3-1 完整齊備的認證架構

擁有整合知識體系與專業技能的認證架構

TQC+ 認證技能規範內容，由本會遴聘該領域產官學研各界專家，組成規範制定委員會，依照各種專業設計人才的職能需求，訂定出符合企業主期待的能力指標。內容不但引導了知識體系的建立，加強了應考人的本質學能，同時也兼顧了專業技能的使用，以實務需求為導向，評測出應考人的應用能力水準。知識為「體」，技能為「用」，孕育出最合業界需求的專業設計人才！

1-3-2 貼近實務的認證方法

提供最貼近實際應用環境，獨一無二的認證系統

為了能提供應考人最接近實際使用環境的認證考試，TQC+ 認證採用兩種考試方式組合來進行。第一種方式為測驗題模式，主要應用於知識體系的考試科目。題型內容包含單選題與複選題，應考人使用專屬之認證測驗系統，以滑鼠填答操作應試；第二種方式則為操作題模式，應考人可「直接使用各領域專業軟體」，如 AutoCAD 2016 等，依照題目指示完成作答，再根據考科特性以電腦評分或委員評分方式進行閱卷。實作題模式與坊間其他以「模擬軟體操作」為考試方式的認證有顯著的區別，可提供最符合實際工作狀況的認證考試。

1-3-3 最具公信的認證機構

由台灣民間最大專業認證機構辦理，累計 450 萬人次考生的肯定

民國 78 年 8 月本會承蒙行政院科技顧問組、中華民國全國商業總會、財團法人資訊工業策進會和台北市電腦商業同業公會熱心資訊教育的四個單位，共同發起創立本非營利機構，致力於資訊教育和社會資訊化的推廣。二十幾年來，藉辦理各項電腦認證測驗、競賽等相關活動，促使大家熟於應用電腦技能；並本著「考用合一」的理念，制訂實務導向的認證標準，提供各界量才適所的客觀依據。累積多年的認證舉辦經驗，目前已成為全台民間最大之專業認證單位，每年參測人數達 25 萬人次。累計超過 450 萬名考生的肯定，是 TQC+ 專業設計人才認證最大的品質後盾！

1-4　企業採用 TQC+ 證照的三大利益

　　企業的作戰力來自人才，精明卓越的將帥，需要機動靈活、士氣高昂、戰技優良的團隊。在此一競爭具變遷激烈的資訊化時代下，電腦技能已經是不可或缺的一項現代化戰技，而且是越多元化、越紮實化越佳。TQC+ 專業設計人才認證可以讓企業確保其員工擁有達到相當水準之專業領域職能。經由這項認證進行人才篩選，企業至少可以獲得以下三項利益：

一、提高選才效率、降低尋人成本

　　讓專業領域設計能力成為應徵者必備的職能，憑藉 TQC+ 專業設計人才認證所頒發之證書，企業立即瞭解應徵者專業領域職能實力，可以擇優而用，無須再花時間及成本驗證，選才經濟、迅速。求職者在投入工作前，即具備可以獨立作業的專業技能，是每一位老闆的最愛。

二、縮短職前訓練、儘快加入戰鬥團隊

　　企業無須再為安排職前訓練傷神，可以將舊有之職前訓練轉化為更專注於其他專業訓練，或者縮短訓練時間，讓新進同仁邁入「做中學」另一階段的在職訓練，大大縮短人才訓練流程，全心去面對激烈的新挑戰。對企業來說，更可直接地降低訓練成本。

三、如虎添翼、戰力十足

　　新進同仁因為具備領域職能必備能力，專業才華更能淋漓盡致地發揮，不僅企業作戰效率提昇，員工個人工作成就感也得以滿足。同時，企業再透過在職進修的鼓勵，既可延續舊員工的戰力，更進一步地刺激其不斷向上的新動力。對企業體、對員工而言可說是一舉數得。

1-5　如何參加 TQC+ 考試

一、瞭解個人需求

　　在規劃參加認證，建議先評估個人生涯規劃與興趣，選擇適合的專業領域進入。您可以參考 TQC+ 認證網站的各領域職務說明，或是詢問已在該領域任職的親友之意見，作為您規劃的參考。提醒您專業是需要累積的，正所謂「滾石不生苔」！沒有好的規劃容易造成學習時間與職涯的浪費。

二、學習與準備

　　選擇好了專業領域，接下來進入的就是學習與準備的階段。如果想採自學的方式進行，本會為考生出版了一系列參考書籍，考生可至 TQC+ 認證網站查詢各科最新的教材與認證指南。若考生對自己的準備沒有十足把握，則可選擇電腦技能基金會散布全國之授權訓練中心參加認證課程，一般課程大多以一個月為期。此外，本會亦和大專院校合作，於校內推廣中心開設認證班，考生可就近向與本會合作的大專院校推廣中心或與本會北中南三區推廣中心聯繫詢問。

三、選擇考試地點

　　凡持有「TQC 授權訓練中心（TATC）」字樣，並由本會頒發授權牌的合格訓練中心，才是本會授權、認證的單位。凡參加授權訓練中心的考生，於課程結束時，該中心會協助安排考生參加考試。若採自行報名考試者，可直接至 TQC+ 認證網站，進入線上報名系統，選擇就近的認證中心，以及認證科目與時間。

四、取得證書

　　通過單科認證者，本會將於一個月後寄發 TQC+ 合格證書；若通過科目符合人員別發證標準，則可申請人員別證書，凡取得證書者，均代表該應考人專業技術與應用能力已獲得第三公證單位之認可。

五、求職時主動出示 TQC+ 證書

在求職的過程中，除了在自傳或履歷表中闡述自己的理想、抱負之外，建議同時出示 TQC+ 證書，將更能突顯本身之技能專長、更容易獲得企業青睞。因為證書代表的不僅是個人的專業，更表現出持證者的那份用心和行動力。

六、以 TQC+ 證書為未來職務加分

在職場中您除了專注提升工作表現外，可適時對主管表達您已取得 TQC+ 專業證書。除了證明您的專業程度已符合該職務的職能標準，同時也表現您對此項職務的企圖心，可加深主管對您的優良印象。未來若有適當的升遷機會，具有專業能力與企圖心的您當然是不二人選！

2

Chapter

領域及科目說明

2-1　領域介紹-工程設計領域說明

　　TQC+ 認證依各領域設計人才之專業謀生技能為出發點，根據國內各產業專業設計人才需求，依其工作職能及核心職能，規劃出各項認證測驗。

　　在工程設計領域中，本會經過調查分析最普遍的工作職稱，根據各專業人員之職務不同，彙整出相對應之工作職務（Task），以及執行這些工作職務所需具備之核心職能（Core Competency）與專業職能（Functional Competency），規劃出幾項專業設計人員，分別為：「工程製圖專業人員」、「零件設計專業人員」、「機械設計專業人員」、「產品設計專業人員」等，詳細內容如下表所列：

專業 人員別	工作職務 （Task）	核心職能 （Core Competency）	專業職能 （Functional Competency）
工程製圖 專業人員	1. 製作詳細設計圖 2. 檢閱規格、草圖、藍圖 3. 設計數學運算程式 4. 修改設計缺點 5. 機械專業知識 6. 圖面整理與標示尺寸	1. 工程圖學與識圖能力 2. 機械製圖能力	1. 電腦輔助平面製圖能力 2. 電腦輔助立體製圖能力
零件設計 專業人員	1. 新圖面審核製作 2. 製作詳細設計圖及說明 3. 機械專業知識 4. 修改設計缺點 5. 零件品設計 6. 圖面整理與標示尺寸	1. 工程圖學與識圖能力 2. 機械製圖能力	1. 電腦輔助平面製圖能力 2. 基礎零件設計能力

專業 人員別	工作職務 （Task）	核心職能 （Core Competency）	專業職能 （Functional Competency）
機械設計 專業人員	1. 機械設計原理 2. 材料測試與選用 3. 繪製設計圖面 4. 裝配設計與組立 5. 設計數學運算程式 6. 繪製零件圖、組立圖、工程圖	1. 工程圖學與識圖能力 2. 機械製圖能力	1. 電腦輔助平面製圖能力 2. 基礎零件設計能力 3. 實體設計能力
產品設計 專業人員	1. 工程計算與驗證 2. 產品外型設計 3. 繪製零件圖面 4. 繪製零件圖、組立圖、工程圖 5. 設計數學運算程式 6. 裝配設計與組立 7. 繪製設計圖面 8. 材料測試與選用	1. 工程圖學與識圖能力 2. 機械製圖能力	1. 基礎零件設計能力 2. 實體設計能力 3. 進階零件及曲面設計能力

　　本會根據上述各專業職務之工作職務（Task），以及核心職能（Core Competency）、專業職能（Functional Competency），規劃出每一專業人員應考內容，分為「知識體系（學科）」，以及「專業技能（術科）」二大部分。其中第一部分「知識體系（學科）」每一專業人員均須選考，應考科目為「工程圖學與機械製圖」。第二部分「專業技能（術科）」則依專業人員之不同，規畫各相關考科，請參閱下表「TQC+ 專業設計人才認證 工程設計領域 認證架構」：

知識體系 認證科目	專業技能 認證科目	專業設計人才 證書名稱
工程圖學 與 機械製圖	電腦輔助平面製圖 電腦輔助立體製圖	TQC+ 工程製圖專業人員
	電腦輔助平面製圖 基礎零件設計	TQC+ 零件設計專業人員
	電腦輔助平面製圖 實體設計	TQC+ 機械設計專業人員
	基礎零件設計 實體設計 進階零件及曲面設計	TQC+ 產品設計專業人員

2-2　電腦輔助平面製圖認證說明

　　「電腦輔助平面製圖認證 AutoCAD 2016」係為 TQC+ 工程設計領域之專業平面製圖能力鑑定。亦為考核「工程製圖專業人員」、「零件設計專業人員」與「機械設計專業人員」必備專業技能之一，以「工程圖學與機械製圖」及「電腦輔助平面製圖」之專業能力作為基礎，再與其工程設計專業技能接軌，藉此為企業提升專業設計人才之層次，增廣應用實務。

2-2-1　認證舉辦單位

　　認證主辦單位：財團法人中華民國電腦技能基金會。

2-2-2　認證對象

　　TQC+ 電腦輔助平面製圖 AutoCAD 2016 認證之測驗對象，為從事工程設計相關工作 1 至 2 年之社會人士，或是受過工程設計領域之專業訓練，欲進入該領域就職之人員。

2-2-3　認證流程

　　為使讀者能清楚有效地瞭解整個實際認證之流程及所需時間。請參考以下之「認證流程圖」。請搭配「5-3 測驗操作程序範例」一節內的實際範例，以充分瞭解本項認證流程。

認證流程圖

執行 TQC+ 認證測驗系統
- Client 端程式
分發紙本試卷（操作題）
進入認證準備畫面

考生報到並簽名
核對證件
對號入座

聆聽注意事項
聆聽認證流程

登入認證測驗系統
依題目說明作答
依題目要求儲存作答檔案

存檔完成並交回認證試卷

* 標註該處，表示由監考人員執行

3
Chapter

範例題目練習系統
安裝及操作說明

3-1 範例題目練習系統安裝流程

步驟一： 執行附書光碟，選擇「安裝 TQC+ 認證範例題目練習系統 電腦輔助平面製圖 AutoCAD 2016」開始安裝程序。
（或執行光碟中 TQCP2012CAI_AT6_Setup.exe 檔案）

步驟二： 在詳讀「授權合約」後，若您接受合約內容，請按「接受」鈕繼續安裝。

步驟三： 輸入「使用者姓名」與「單位名稱」後，請按「下一步」鈕繼續安裝。

步驟四： 可指定安裝磁碟路徑將系統安裝至任何一台磁碟機，惟安裝路徑必須為該磁碟機根目錄下的《TQCP2012CAI.csf》資料夾。安裝所需的磁碟空間約 64.8MB。

步驟五： 本系統預設之「程式集捷徑」在「開始/所有程式」資料夾第一層，
名稱為「TQC+ 認證範例題目練習系統」。

（註：在 Windows 8 Professional 中，系統在「[開始]畫面/所有應用程式/應用
程式」內的資料夾第一層捷徑名稱為「TQC+ 認證範例題目練習系統」）

步驟六： 安裝前相關設定皆完成後，請按「安裝」鈕，開始安裝。

步驟七： 安裝程式開始進行安裝動作，請稍待片刻。

步驟八： 以上的項目在安裝完成之後，安裝程式會詢問您是否要進行版本的
更新檢查，請按「下一步」鈕。建議您執行本項操作，以確保「TQC+
認證範例題目練習系統（工程設計 ED 領域 電腦輔助平面製圖
AutoCAD 2016）」為最新的版本。

步驟九： 接下來進行線上更新，請按下「下一步」鈕。

步驟十： 更新完成後，出現如下訊息，請按下「確定」鈕。

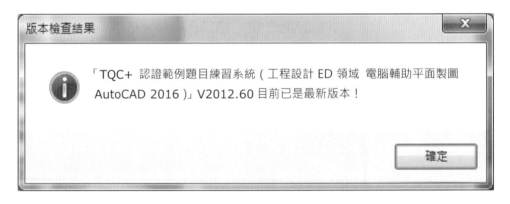

步驟十一：完成「TQC+ 認證範例題目練習系統（工程設計 ED 領域 電腦輔助平面製圖 AutoCAD 2016）」更新後，請按下「關閉」鈕。

步驟十二：安裝完成！您可以透過提示視窗內的客戶服務機制說明，取得關於本項產品的各項服務。按下「完成」鈕離開安裝畫面。

3-2 範例題目練習系統操作程序

一、測驗題練習程式,操作流程如下圖所示:

二、測驗題詳細的操作步驟及系統畫面，說明如下：

步驟一： 執行「開始/所有程式/TQC+ 認證範例題目練習系統/ TQC+ 認證範例題目練習系統」程式項目。

步驟二： 此時會開啟「TQC+ 認證範例題目練習系統(2012) 單機版」，請點選功能列中的「測驗題練習」。

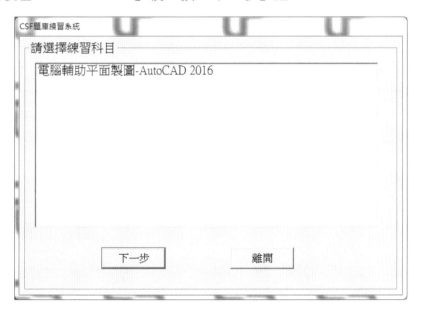

步驟三： 接著在「CSF 題庫練習系統」窗格中，選擇練習科目「電腦輔助平面製圖-AutoCAD2016」後，按「下一步」鈕。

步驟四： 輸入欲練習題數，最少 1 題，最多 578 題。於前方勾選核取方塊，
選擇欲練習類別（第 1 至第 20 類）。

步驟五： 確認輸入資料無誤後，請按「確定」鈕開始進行測驗題練習。

步驟六： 請依照測驗題練習系統指示逐題作答，可利用「下一題」及「上一
題」進行作答題目之切換，視窗下緣會顯示「使用時間」。

每一道題目均會提示為單選題（以選鈕表示）或複選題（以核取方
塊表示），該道題目若有附圖說明，可按下「查看附圖」作為答題之
參考。若對某一題先前之輸入答案沒有把握，可按下「不作答」鈕
清除該題原輸入之答案，或按下「註記」鈕將該題註記（如欲取消
該題的註記即點選「取消註記」鈕）。

步驟七：　按下「試題全覽」鈕，即出現「試題全覽」窗格，除了以不同顏色顯示未作答、已作答及考生註記的題目之外，也可點選該題號前往該題。

步驟八：　若提早作答完成，請確認作答無誤後，可按下測驗系統右下角之「結束練習」選項。此時系統會再次提醒您確認是否要結束練習，按「是」鈕，曾結束測驗題練習。

步驟九：　評分結果會顯示在對話方塊上，按下「是」時，可逐題查看各題作
答狀況。

步驟十：　利用「下一題」、「上一題」及「正確答案」的提示，藉以瞭解自己
在哪些部分必須再作加強。按下「離開」即結束本次測驗題的練習。

❖ 註：1.本系統在進行系統更新之後，系統內容與畫面可能有所變
更，此為正常情形請放心使用！

2.此項為供使用者練習與自我評核之用，正式考試的畫面顯示
會有所差異。

三、操作題練習程式,操作流程如下圖所示:

四、操作題詳細操作介面及步驟，說明如下：

步驟一： 執行「開始/所有程式/TQC+ 認證範例題目練習系統/TQC+ 認證範例題目練習系統」程式項目。

步驟二： 點選左上方「操作題練習」，選擇「電腦輔助平面製圖-AutoCAD 2016」科目。

步驟三： 接著請依欲練習的題號，參考第四章操作題範例題目的內容，開啟 AutoCAD 2016 程式，並繪製題目圖面求取各問題的答案值。

步驟四： 請將各題求取的答案值，填入作答視窗中。「開啓試題資料夾」依試
　　　　 題指示將實體檔案存入指定位置。

步驟五： 按下「結束練習」後，會出現確認訊息，若要再次確認先前之答案
　　　　 可按「否」，若不需確認請按「是」以結束練習。

步驟六： 按下「是」選項，即可進行本回評分，結果會顯示在「練習結果」中，每小題配分均為 20 分，總分共計 100 分。

心 得 筆 記

4

Chapter

電腦輔助平面製圖
範例題目

4-1 測驗題技能規範及分類範例題目

類　別	技　能　內　容
第　一　類	AutoCAD 基本環境認知與設定能力
	1. 作業平台、系統需求與安裝 2. 滑鼠功能、圖紙大小 3. 檔案分類、捷徑設定 4. 座標系統、環境選項
第　二　類	AutoCAD 功能鍵、快捷鍵與物件鎖點操作能力
	1. 物件鎖點代號 2. 常用標準快捷鍵 3. 重要功能鍵
第　三　類	AutoCAD 檔案服務與公共指令設定能力
	1. 檔案的開啟、建立與儲存 2. 數位識別標誌、密碼設定 3. 圖面範圍、單位設定 4. 圖檔修護、清除 5. 檔案匯出、電子傳送
第　四　類	AutoCAD 繪圖操作能力
	1. 繪圖操作：線、建構線、聚合線、正多邊形、矩形、雲形線 2. 繪圖操作：圓、弧、橢圓 3. 特殊控制：等分、等距、邊界、修訂雲形 4. 特殊追蹤：極座標追蹤、物件鎖點追蹤

類　別	技　能　內　容
第　五　類	AutoCAD 編輯控制操作能力
	1. 物件選取、預覽選取控制 2. 編輯控制：刪除、移動、複製、偏移複製 3. 編輯控制：修剪、延伸、圓角、倒角、旋轉、比例 4. 編輯控制：切斷、拉伸、陣列、調整長度 5. 特殊編輯：對齊、分解、複製性質、結合、回復、重做 6. 掣點模式編輯控制
第　六　類	AutoCAD 關聯式陣列與特殊編修能力
	1. 關聯式陣列：矩形、環形、路徑 2. 編輯聚合線、編輯雲形線、編輯複線 3. 進階分解控制 4. 面域、布林運算（聯集、差集、交集） 5. 質量性質、顯示順序
第　七　類	AutoCAD 顯示控制與查詢操作能力
	1. 顯示控制：縮放、平移 2. 視圖視埠：視圖、鳥瞰視圖、視埠控制 3. 查詢控制：距離、面積、長度、周長、半徑、直徑 4. 特殊查詢：質心、面積加減、座標、單位精確度 5. 工作區管理
第　八　類	AutoCAD 文字註解與表格設定能力
	1. 單行文字建立、多行文字建立 2. 文字控制碼、堆疊字元 3. 字型設定、多行文字編輯器 4. 文字編輯、文字比例、文字對正 5. 表格建立、表格型式管理、表格匯出、表格編輯 6. 功能變數

類　別	技　能　內　容
第　九　類	**AutoCAD 填充線、填實與遮蔽操作能力**
	1. 填充線建立與編輯
	2. 漸層建立與控制
	3. 孤立物件偵測、間隙公差設定
	4. 遮蔽物件的建立、轉換、顯示控制
第　十　類	**AutoCAD 物件相關資料設定能力**
	1. 圖層建立與特性（關閉、凍結、鎖護、不出圖）
	2. 圖層狀態管理、圖層性質管理、線型管理員
	3. 點型式、粗細線設定
	4. 更名
	5. 圖層轉換對映
	6. 特殊圖層控制：圖層 II、圖層漫遊、圖層隔離
第　十一　類	**AutoCAD 插入物件與動態圖塊相關操作能力**
	1. 圖塊建立與特性
	2. 插入圖塊、多重插入圖塊
	3. 外部參考：插入、併入、截取、編輯
	4. 影像控制：插入、截取、調整、儲存
	5. 圖塊編輯器的基本控制
	6. 圖塊編輯器的參數與動作控制
第　十二　類	**AutoCAD 尺寸標註設定能力**
	1. 標註型式管理控制
	2. 線性標註、對齊標註、半徑標註、直徑標註、角度標註
	3. 快速標註、基線式標註、連續式標註
	4. 座標式標註、弧長標註、標註編輯、半徑轉折
	5. 標註快顯功能表、標註空間、標註切斷、標註檢驗
	6. 多重引線的加入、移除、對齊與收集

類　別	技　能　內　容
第 十 三 類	**AutoCAD 配置與出圖設定能力**
	1. 模型空間作圖的控制
	2. 配置與圖紙空間的控制
	3. 視埠的建立與控制
	4. 頁面設置、出圖型式表
	5. 出圖戳記、比例清單
	6. 發佈出圖與批次出圖
第 十 四 類	**AutoCAD 重要變數設定能力**
	1. 整體控制、輔助框控制、對話框控制相關變數
	2. 作圖輔助控制相關變數
	3. 圖層、顏色與線型控制相關變數
	4. 十字游標與點型式控制相關變數
	5. 物件構成控制、文字控制相關變數
	6. 特殊控制相關變數
第 十 五 類	**設計中心、工具選項板、性質設定能力**
	1. AutoCAD 設計中心控制
	2. 工具選項板控制
	3. 性質選項板控制
第 十 六 類	**Express Tools 增強工具操作能力**
	1. 繪圖類重要增補工具
	2. 修改類重要增補工具
	3. 文字類重要增補工具
	4. 圖塊類重要增補工具
	5. 標註類重要增補工具
	6. 特殊類重要增補工具

類　別	技　能　內　容
第 十 七 類	2D 進階技巧與快捷鍵自訂設定能力
	1. 啓動外部應用程式
	2. 計算機 CAL
	3. 快捷鍵的自訂：內部指令與系統變數
	4. 快捷鍵的自訂：外部應用程式
第 十 八 類	圖紙集與多註解比例設定能力
	1. 圖紙集的建立、應用與管理
	2. 圖紙集的性質、出圖與傳送
	3. 圖紙集的圖紙匯入與子集控制
	4. 文字可註解物件之建立與控制
	5. 引線可註解物件之建立與控制
	6. 圖塊可註解物件之建立與控制
	7. 填充線可註解物件之建立與控制
	8. 標註線可註解物件之建立與控制
第 十 九 類	錄製巨集與參數式設計設定能力
	1. 錄製巨集的基本控制
	2. 錄製巨集的進階技巧
	3. 錄製巨集動作管理員
	4. 參數設計之幾何約束控制
	5. 參數設計之自動約束控制
第 二 十 類	AutoCAD 雲端線上協同作業與內容瀏覽器設定能力
	1. A360 的特性
	2. A360 的面板相關功能
	3. A360 線上編輯
	4. 內容瀏覽器的特性

4-1-1 第一類：AutoCAD 基本環境認知與設定能力

本書範例題目內容為認證題型與命題方向之示範，正式測驗試題不以範例題目為限。

1-01. AutoCAD 2016 必須在下列那些作業系統下才可執行？（**複選**）

　　(A) Windows XP

　　(B) Windows Vista

　　(C) Windows 7

　　(D) Windows 8

　答案：CD

1-02. 安裝 AutoCAD 2016（64 位元），建議的記憶體大小？

　　(A) 2GB

　　(B) 4GB

　　(C) 8GB

　　(D) 16GB

　答案：C

1-03. 未取得 AutoCAD 2016 授權碼之前，有幾天的緩衝時間可以暫時執行？

　　(A) 7 天

　　(B) 10 天

　　(C) 20 天

　　(D) 30 天

　答案：D

1-04. 二鍵式+中間滾輪滑鼠，當 Mbuttonpan=1 時，對中間滾輪的功能敘述，下列那些正確？（**複選**）

　　(A) 旋轉輪子向前或向後，即時縮放

　　(B) 壓著不放與拖曳，然後平移

　　(C) [Shift]+壓著不放與拖曳，然後正交平移

　　(D) 連續快按二下，即縮放至實際範圍

　答案：ABD

1-05. 標準圖面範圍設定，以 mm 為單位時，下列哪些正確？（**複選**）

　　　(A) A0：1189 * 841

　　　(B) A1：840 * 590

　　　(C) A2：584 * 420

　　　(D) A4：297 * 210

　　答案：AD

1-06. 標準圖面範圍設定，以 mm 為單位時，A1 的大小為下列哪一項？

　　　(A) 838 * 591

　　　(B) 839 * 592

　　　(C) 840 * 593

　　　(D) 841 * 594

　　答案：D

1-07. 標準圖面範圍設定，以 mm 為單位時，A3 的大小為下列哪一項？

　　　(A) 420 * 287

　　　(B) 410 * 287

　　　(C) 420 * 297

　　　(D) 410 * 297

　　答案：C

1-08. 關於檔案類型，下列哪些正確？（**複選**）

　　　(A) *.DWG：圖形檔

　　　(B) *.DWF：網際網路圖形檔

　　　(C) *.DWS：圖形標準檔

　　　(D) *.DWT：圖面樣板檔

　　答案：ABCD

1-09. 關於檔案類型，下列哪些正確？（**複選**）

    (A) *.ARG：紀要設定檔

    (B) *.BAK：圖形備份檔

    (C) *.AC$：自動儲存檔

    (D) *.DXF：圖形交換檔

  答案：ABD

1-10. 關於檔案類型，下列哪些正確？（**複選**）

    (A) *.DWT：圖面樣板檔

    (B) *.SV$：自動儲存檔

    (C) *.BAK：圖形備份檔

    (D) *.XCP：工具選項板匯出檔

  答案：ABC

1-11. 在 AutoCAD 圖像捷徑之 ACAD.EXE 目標後，需加入下列哪些參數式，可指定圖面樣板檔 C:\2016DEMO\A4OK.DWT？（**複選**）

    (A) /t C:\2016DEMO\A4OK

    (B) \t C:\2016DEMO\A4OK

    (C) /t C:\2016DEMO\A4OK.DWT

    (D) \t C:\2016DEMO\A4OK.DWT

  答案：AC

1-12. 在 AutoCAD 圖像捷徑之 ACAD.EXE 目標後，需加入下列哪一項參數式，可指定一組選項紀要設定「2016DEMO」？

    (A) $p 2016DEMO

    (B) -p 2016DEMO

    (C) \p 2016DEMO

    (D) /p 2016DEMO

  答案：D

1-13. 正常狀況，欲重複上一次的執行指令，可以使用下列哪些方式？（複選）

(A) 指令後直接按[Enter]

(B) 指令後直接按[Space]

(C) 「按鍵盤的[往右]鍵/尋找/執行」

(D) 「按滑鼠右鍵/快顯功能表的第一個選項」

答案：ABD

1-14. 相對座標之「增減量表示法」，下列哪些表示方式正確？（複選）

(A) @61.5/4,48.5/3

(B) @-61/4,-58/3

(C) @625/4,835/3

(D) @625/48,815/38

答案：BCD

1-15. 相對座標之「距離角度表示法」，下列哪些表示方式正確？（複選）

(A) @72.5/3<53

(B) @725/3<53

(C) @32.5<79/3

(D) @32.5<79.3

答案：BD

1-16. 指令行之搜尋選項功能，關於內容類型下列哪些正確？（複選）

(A) 圖塊

(B) 圖層

(C) 填充線

(D) 影像

答案：ABC

1-17. 指令行之搜尋選項功能，關於內容類型下列哪些正確？（**複選**）

　　　(A) 文字型式

　　　(B) 表格型式

　　　(C) 標註型式

　　　(D) 視覺型式

　　答案： ACD

1-18. 指令行之搜尋選項功能，關於自動完成指令的敘述下列哪些正確？（**複選**）

　　　(A) 不可開啟中間字串搜尋

　　　(B) 可開啟中間字串搜尋

　　　(C) 排序可根據使用頻率

　　　(D) 排序可根據字母順序

　　答案： BCD

1-19. 在操作 AutoCAD 時欲呼叫出 Windows 檔案總管，下列哪些方式正確？（**複選**）

　　　(A) 鍵盤[視窗]鍵+[E]

　　　(B) 鍵盤[視窗]鍵+[W]

　　　(C) 執行 EXPLORER

　　　(D) 執行 EXP

　　答案： AC

1-20. 關於自動儲存檔的使用與設定，下列哪些敘述正確？（**複選**）

　　　(A) 自動儲存檔的檔案類型是 AC$

　　　(B) 自動儲存時間設定愈短愈好

　　　(C) 自動儲存檔案位置可由「選項/檔案」項目內設定

　　　(D) 自動儲存檔不可以直接被 OPEN 開啟

　　答案： CD

1-21. 關於「選項/檔案」設定項目，下列哪些敘述正確？（**複選**）

(A) 可設定自動儲存檔位置

(B) 可設定自動儲存檔儲存間隔時間

(C) 可設定圖面樣板檔位置

(D) 可預設 QNEW 的預設樣板檔名

答案：ACD

1-22. 關於「選項/顯示」設定項目，下列哪一項敘述錯誤？

(A) 可設定十字游標大小

(B) 可設定指令行文字大小

(C) 可設定繪圖區背景顏色

(D) 可設定選取框大小

答案：D

1-23. 關於「選項/開啟與儲存」設定項目，下列哪些敘述正確？（**複選**）

(A) 可預設另存新檔成 2010 圖檔格式

(B) 可預設另存新檔成 2012 圖檔格式

(C) 可預設另存新檔成 2013 圖檔格式

(D) 可預設另存新檔成 2014 圖檔格式

答案：AC

1-24. 關於「選項/使用者偏好」設定項目，下列哪一項敘述錯誤？

(A) 可預設比例清單

(B) 可設定右鍵自訂

(C) 可設定安全選項

(D) 可設定是否按兩下編輯

答案：C

4-1-2 第二類：AutoCAD 功能鍵、快捷鍵與物件鎖點操作能力

本書範例題目內容為認證題型與命題方向之示範，正式測驗試題不以範例題目為限。

2-01. 選集循環功能鍵開關設定，下列哪一項正確？

    (A) [Ctrl]+[R]

    (B) [Ctrl]+[S]

    (C) [Ctrl]+[T]

    (D) [Ctrl]+[W]

    答案：D

2-02. 執行 QUIT 指令離開 AutoCAD 的快速鍵為下列哪一項？

    (A) [Ctrl]+[Q]

    (B) [Ctrl]+[U]

    (C) [Ctrl]+[X]

    (D) [Ctrl]+[S]

    答案：A

2-03. 性質 PROPERTIES 的快速鍵為下列哪一項？

    (A) [Ctrl]+[P]

    (B) [Ctrl]+[R]

    (C) [Ctrl]+[1]

    (D) [Ctrl]+[2]

    答案：C

2-04. AutoCAD 設計中心的快速鍵為下列哪一項？

    (A) [Ctrl]+[1]

    (B) [Ctrl]+[2]

    (C) [Ctrl]+[3]

    (D) [Ctrl]+[4]

    答案：B

2-05. AutoCAD 工具選項板的快速鍵為下列哪一項？

　　　(A) [Ctrl]+[1]

　　　(B) [Ctrl]+[2]

　　　(C) [Ctrl]+[3]

　　　(D) [Ctrl]+[4]

　　答案：C

2-06. AutoCAD 圖紙集管理員的快速鍵為下列哪一項？

　　　(A) [Ctrl]+[4]

　　　(B) [Ctrl]+[5]

　　　(C) [Ctrl]+[6]

　　　(D) [Ctrl]+[7]

　　答案：A

2-07. AutoCAD 標記集管理員的快速鍵為下列哪一項？

　　　(A) [Ctrl]+[5]

　　　(B) [Ctrl]+[6]

　　　(C) [Ctrl]+[7]

　　　(D) [Ctrl]+[8]

　　答案：C

2-08. AutoCAD QuickCalc 計算器的快速鍵為下列哪一項？

　　　(A) [Ctrl]+[6]

　　　(B) [Ctrl]+[7]

　　　(C) [Ctrl]+[8]

　　　(D) [Ctrl]+[9]

　　答案：C

2-09. AutoCAD 指令行開關的快速鍵為下列哪一項？

(A) [Ctrl]+[6]

(B) [Ctrl]+[7]

(C) [Ctrl]+[8]

(D) [Ctrl]+[9]

答案：D

2-10. 欲呼叫執行 QuickCalc 計算器，下列哪些正確？（**複選**）

(A) 快捷鍵是 QC

(B) 快捷鍵是 QQ

(C) 快速鍵是[Ctrl]+[7]

(D) 快速鍵是[Ctrl]+[8]

答案：AD

2-11. 關於物件鎖點功能代號，下列哪些正確？（**複選**）

(A) 追蹤：TK

(B) 追蹤：TS

(C) 端點：END

(D) 中點：MID

答案：ACD

2-12. 關於物件鎖點功能代號，下列哪些正確？（**複選**）

(A) 交點：INS

(B) 插入點：INT

(C) 中心點：CEN

(D) 四分點：QUA

答案：CD

2-13. 關於物件鎖點功能代號，下列哪些正確？（**複選**）

　　　(A) 相切點：TEN

　　　(B) 相切點：TAN

　　　(C) 垂直點：PAR

　　　(D) 垂直點：PER

　　答案：BD

2-14. 物件鎖點模式可設定下列哪些功能？（**複選**）

　　　(A) 平行

　　　(B) 平分

　　　(C) 幾何質心點

　　　(D) 幾何中心點

　　答案：AD

2-15. 關於物件鎖點功能代號，下列哪些正確？（**複選**）

　　　(A) 延伸：EXT

　　　(B) 平行：PAR

　　　(C) 二點之中點：MTP

　　　(D) 二點之中點：M2P

　　答案：ABCD

2-16. 下列鍵盤操作哪些可以呼叫出物件鎖點快顯功能表？（**複選**）

　　　(A) [Ctrl]+滑鼠右鍵

　　　(B) [Tab]+滑鼠右鍵

　　　(C) [Alt]+滑鼠右鍵

　　　(D) [Shift]+滑鼠右鍵

　　答案：AD

2-17. 關於 Windows 快速鍵，下列哪些正確？（**複選**）

(A) 剪下：[Ctrl]+[T]

(B) 儲存：[Ctrl]+[S]

(C) 複製：[Ctrl]+[C]

(D) 貼上：[Ctrl]+[V]

答案：BCD

2-18. 下列快捷鍵對應指令，哪些正確？（**複選**）

(A) A：ARC

(B) B：BLOCK

(C) C：CIRCLE

(D) D：DIVIDE

答案：ABC

2-19. 下列快捷鍵對應指令，哪些正確？（**複選**）

(A) E：ERASE

(B) F：FILLET

(C) G：GRIP

(D) H：HATCH

答案：ABD

2-20. 下列快捷鍵對應指令，哪些正確？（**複選**）

(A) I：INSERT

(B) L：LINE

(C) M：MOVE

(D) N：NEW

答案：ABC

2-21. 下列快捷鍵對應指令，哪些正確？（複選）

(A) O：OFFSET

(B) P：PAN

(C) Q：QUIT

(D) S：SAVE

答案：AB

2-22. 下列快捷鍵對應指令，哪些正確？（複選）

(A) T：TRIM

(B) V：VIEW

(C) W：WBLOCK

(D) X：EXPLODE

答案：BCD

2-23. 下列快捷鍵對應指令，哪些正確？（複選）

(A) AA：AREA

(B) AR：ARC

(C) BO：BOUNDARY

(D) BB：BOUNDARY

答案：AC

2-24. 下列快捷鍵對應指令，哪些正確？（複選）

(A) CO：COPY

(B) CP：COPY

(C) DI：DISTANCE

(D) DR：DRAWORDER

答案：ABD

2-25. 下列快捷鍵對應指令，哪些正確？（**複選**）

    (A) DT：TEXT

    (B) ED：TEXTEDIT

    (C) EX：EXPLODE

    (D) HE：HATCHEDIT

答案：ABD

2-26. 下列快捷鍵對應指令，哪些正確？（**複選**）

    (A) LI：LIST

    (B) LT：LINETYPE

    (C) MA：MASSPROP

    (D) ME：MEASURE

答案：ABD

2-27. 下列快捷鍵對應指令，哪些錯誤？（**複選**）

    (A) MI：MIRROR

    (B) OP：OPEN

    (C) XL：XLIST

    (D) PE：PEDIT

答案：BC

2-28. 下列快捷鍵對應指令，哪些正確？（**複選**）

    (A) PL：PLINE

    (B) PU：PURGE

    (C) RT：RECTANG

    (D) RO：ROTATE

答案：ABD

2-29. 下列快捷鍵對應指令，哪些錯誤？（**複選**）

(A) ST：STRETCH

(B) SC：SCALE

(C) EX：EXPLODE

(D) TR：TRIM

答案：AC

2-30. 下列快捷鍵對應指令，哪些正確？（**複選**）

(A) UN：UNIT

(B) XL：XLINE

(C) XR：XREF

(D) IM：IMAGE

答案：BCD

2-31. 下列快捷鍵對應指令，哪些正確？（**複選**）

(A) ADC：ADCENTER

(B) CHA：CHAMFER

(C) DIV：DIVIDE

(D) LEN：LENGTHEN

答案：ABCD

2-32. 下列快捷鍵對應指令，哪些正確？（**複選**）

(A) REG：REGION

(B) REN：RENAME

(C) POL：POLYGOM

(D) REC：RECTANG

答案：ABD

4-1-3 第三類：AutoCAD 檔案服務與公共指令設定能力

> 本書範例題目內容為認證題型與命題方向之示範，正式測驗試題不以範例題目為限。

3-01.「NEW 新圖/使用樣板」，下列哪些敘述正確？（**複選**）

(A) 樣板的檔案類型是 DWT

(B) 樣板的檔案類型是 DWF

(C) 內定的樣板選單路徑可由「選項/檔案/圖面樣板檔位置」修改

(D) 內定的樣板選單路徑可由「選項/系統/圖面樣板檔位置」修改

答案：AC

3-02. NEW 新圖後，預設的圖檔名為 Drawing1.dwg，此時按下[Ctrl]+[S]，下列哪一項敘述正確？

(A) 直接快速儲存成 Drawing1.dwg

(B) 出現另存新檔對話框要求儲存

(C) 出現錯誤訊息

(D) 自動關閉該圖檔

答案：B

3-03.「NEW 新圖/從草圖開始/公制」，若以 mm 為繪圖單位，下列哪一項正確？

(A) 內定圖面範圍為 A1

(B) 內定圖面範圍為 A2

(C) 內定圖面範圍為 A3

(D) 內定圖面範圍為 A4

答案：C

3-04. 關於 QNEW 的敘述，下列哪些正確？（**複選**）

(A) QNEW 的快速鍵是[Ctrl]+[N]

(B) 預設的樣板檔名可由「選項/檔案」設定

(C) 預設的樣板檔名可由「選項/系統」設定

(D) QNEW 若無預設樣板檔，執行結果與 NEW 指令相同

答案：BD

3-05. 下列檔案類型哪些可直接被 OPEN 開啟？（**複選**）

(A) *.DWG

(B) *.DWT

(C) *.DWF

(D) *.DXF

答案：ABD

3-06. 可直接被 OPEN 開啟的檔案類型有幾種？

(A) 3

(B) 4

(C) 5

(D) 6

答案：B

3-07. 關於 OPEN 開啟圖檔的特性，下列哪些敘述正確？（**複選**）

(A) 可同時開啟多張圖檔

(B) 可設定以唯讀方式開啟圖檔

(C) 可局部開啟圖檔

(D) 可局部唯讀開啟圖檔

答案：ABCD

3-08. 關於局部載入圖檔，下列哪些敘述正確？（**複選**）

(A) 指令名稱是 PARTLOAD

(B) 指令名稱是 PARTIALOAD

(C) 載入的參考依據是「圖層」

(D) 必須配合「OPEN/局部開啟」時使用

答案：BCD

3-09. 欲快速開啓圖面中的外部參考圖檔，應該使用下列哪一項指令？

(A) OPEN

(B) XOPEN

(C) XREF

(D) OPENX

答案：B

3-10. 關於另存新檔 SAVEAS 的敘述，下列哪些正確？（**複選**）

(A) 儲存時檔案類型預設值是 AutoCAD 2016 圖面

(B) 儲存時檔案類型可以改存成 AutoCAD 2010 圖面

(C) 預設儲存的 DWG 版本，可由「選項/開啓與儲存」設定

(D) 預設儲存的 DWG 版本，可由「選項/使用者偏好」設定

答案：BC

3-11. 另存新檔 SAVEAS 的快速鍵，下列哪一項正確？

(A) [Ctrl]+[S]

(B) [Shift]+[S]

(C) [Ctrl]+[Alt]+[S]

(D) [Ctrl]+[Shift]+[S]

答案：D

3-12. AutoCAD 2016 可直接儲存的舊版本，下列哪些正確？（**複選**）

(A) 2007 DWG

(B) 2010 DWG

(C) 2012 DWG

(D) 2014 DWG

答案：AB

3-13. 已開啟之 ABC.DWG 圖檔，修改內容後欲儲存之，下列哪些指令或快速鍵不會出現對話框要求輸入檔名？（**複選**）

    (A) 指令是 SAVE

    (B) 指令是 SAVEAS

    (C) 指令是 QSAVE

    (D) 快速鍵是[Ctrl]+[S]

    答案：CD

3-14. 執行下列那些指令或快速鍵，可離開 AutoCAD 作業環境？（**複選**）

    (A) 指令是 QUIT

    (B) 指令是 EXIT

    (C) 快速鍵是[Ctrl]+[X]

    (D) 快速鍵是[Ctrl]+[Q]

    答案：ABD

3-15. 圖面範圍與單位設定的指令，下列哪些正確？（**複選**）

    (A) 圖面範圍：LIMITS

    (B) 圖面範圍：LIMIT

    (C) 單位設定：UNITS

    (D) 單位設定：UNIT

    答案：AC

3-16. 關於單位設定的長度與角度精確度設定的敘述，下列哪些正確？（**複選**）

    (A) 新圖預設精確度分別是小數點 4 位與 2 位

    (B) 新圖預設精確度分別是小數點 4 位與 0 位

    (C) 單位設定的精確度影響到尺寸標註

    (D) 單位設定的精確度影響到查詢指令

    答案：BD

3-17. 下列哪些指令有修復圖檔的功能？（**複選**）

(A) DRAWINGRECOVERY

(B) AUDIT

(C) RECOVER

(D) FIXDRAW

答案：ABC

3-18. 關於圖檔修復管理員的敘述，下列哪些正確？（**複選**）

(A) 快捷鍵是 DRA

(B) 快捷鍵是 DRM

(C) 可開啟 SV$檔案

(D) 可開啟 BAK 檔案

答案：BCD

3-19. 欲匯出為其他類型的檔案，下列哪一項指令正確？

(A) EXPORT

(B) OUTPUT

(C) EXPERT

(D) IMPORT

答案：A

3-20. EXPORT 可匯出的檔案類型，下列哪些正確？（**複選**）

(A) *.DWF

(B) *.PDF

(C) *.BMP

(D) *.JPG

答案：AC

3-21. EXPORT 可匯出的檔案類型，下列哪些正確？（複選）

  (A) *.SAT

  (B) *.STL

  (C) *.IGS

  (D) *.DGN

 答案：ABCD

3-22. PURGE 可清除的物件類型，下列哪些正確？（複選）

  (A) 沒有用的圖塊

  (B) 沒有用的圖層

  (C) 沒有用的線型

  (D) 沒有用的字型

 答案：ABCD

3-23. 關於 PURGE 指令的敘述，下列哪些正確？（複選）

  (A) 可清除長度不為零的幾何圖形

  (B) 可清除沒有用的圖層、線型、字型

  (C) 可檢視無法清除的項目

  (D) 可清除空文字物件

 答案：BCD

3-24. 關於設定與顯示圖檔性質的指令，下列哪一項正確？

  (A) DWGPROP

  (B) DWGPROPS

  (C) DWGDATA

  (D) DWGDATAS

 答案：B

3-25. 欲關閉目前所有開啟的圖檔，可執行下列哪一項指令？

(A) CLOSE

(B) EXITALL

(C) QUITALL

(D) CLOSEALL

答案：D

3-26. 關於開啟多個圖檔的操作，下列哪些敘述正確？（**複選**）

(A) 可用 OPEN 指令同時選取多個圖檔開啟

(B) 可用檔案總管同時選取多個圖檔拖放進入 AutoCAD 開啟

(C) 可用 AutoCAD 設計中心將多個圖檔同時拖放進入 AutoCAD 開啟

(D) 可用 AutoCAD 設計中心將圖檔逐一拖放進入 AutoCAD 開啟

答案：ABD

3-27. 開啟多張圖檔後，欲循環作用中的圖檔，可執行下列哪些功能鍵？（**複選**）

(A) [Ctrl]+[Tab]

(B) [Ctrl]+[F5]

(C) [Ctrl]+[F6]

(D) [Ctrl]+[F7]

答案：AC

3-28. 以 COPYCLIP 複製 AutoCAD 圖形後，到另外一張圖後欲出現，可執行下列哪些方式？（**複選**）

(A) 貼上

(B) 貼到原始座標

(C) 貼上為圖塊

(D) 貼上為影像

答案：ABC

4-1-4 第四類：AutoCAD 繪圖操作能力

> 本書範例題目內容為認證題型與命題方向之示範，正式測驗試題不以範例題目為限。

4-01. 「LINE 指令/指定下一點」後，若將[F8]正交模式打開，往 6 點鐘方向直接輸入 73.5，所得的結果與下列哪些相同？（**複選**）

　　(A) @73.5<90

　　(B) @73.5<-90

　　(C) @0,-73.5

　　(D) @73.5<270

　答案：BCD

4-02. 「LINE 指令/指定下一點」後，若將[F8]正交模式打開，往 3 點鐘方向直接輸入下列哪些數值不會被接受？（**複選**）

　　(A) 93+45

　　(B) 93-45

　　(C) 93*45

　　(D) 93/45

　答案：ABC

4-03. XLINE 的副選項中，下列哪一項可用來繪製角平分線？

　　(A) A

　　(B) B

　　(C) O

　　(D) V

　答案：B

4-04. 建構線 XLINE 被 TRIM 指令修剪掉一半後，剩下的圖元為下列哪一項？

(A) 建構線 XLINE

(B) 線 LINE

(C) 射線 RAY

(D) 聚合線 LWPOLYLINE

答案：C

4-05. 下列那些指令完成的圖元是聚合線？（**複選**）

(A) POLYGON

(B) RECTANG

(C) WIPEOUT

(D) REVCLOUD

答案：ABD

4-06. 關於複線 MLINE 的對正方式，下列那些正確？（**複選**）

(A) 靠上 U、靠下 D

(B) 靠左 L、靠右 R

(C) 靠上 T、靠下 B

(D) 歸零 Z

答案：CD

4-07. 關於雲形線 SPLINE 的建立方式有幾種？

(A) 2

(B) 3

(C) 4

(D) 5

答案：A

4-08. 欲接續前一個弧，繪製一個相切弧，需於 ARC 指令一開始輸入下列哪一項？

(A) 不可能

(B) 輸入副選項 D

(C) 輸入副選項 T

(D) 再按一次[Enter]

答案：D

4-09. 欲接續前一個弧，繪製一個相切線，需於 LINE 指令第一點輸入下列哪一項？

(A) TAN

(B) 打開[F8]開關

(C) 打開[F11]開關

(D) 再按一次[Enter]

答案：D

4-10. 執行 ARC 之起點、終點、半徑，欲產生大於 180 度的弧，則半徑必須輸入下列哪一項？

(A) 0

(B) 負值

(C) 正值

(D) 負值或正值均可

答案：B

4-11. 「CIRCLE 指令/指定圓心」後，可接受的半徑數值下列哪些正確？（**複選**）

(A) 82.53

(B) 82.5/3

(C) 825/3

(D) 82/5.3

答案：AC

4-12. 關於圓 CIRCLE 的指令特性，下列哪些敘述正確？（**複選**）

　　(A) 2P 定圓，此二點不一定是圓直徑

　　(B) 相切、相切、半徑，有時圓會不存在

　　(C) 3P 定圓，此三點不能共線

　　(D) 半徑值可以輸入 123/4

　答案：BCD

4-13. DONUT 指令若輸入的內徑大於外徑，將產生下列哪一項結果？

　　(A) 錯誤警告，並要求重新輸入內徑

　　(B) 錯誤警告，並要求重新輸入外徑

　　(C) 結束 DONUT 指令

　　(D) 自動內外徑對調，並繼續 DONUT 指令

　答案：D

4-14. 關於橢圓 ELLIPSE 的指令特性，下列哪些敘述正確？（**複選**）

　　(A) 只能繪製全橢圓

　　(B) 可以繪製局部橢圓「橢圓弧」

　　(C) 副選項 R 可輸入「90」度

　　(D) 副選項 R 不可輸入「90」度

　答案：BD

4-15. 「RECTANG 指令/問第二個角點」時，下列哪些副選項正確？（**複選**）

　　(A) 面積 A

　　(B) 尺寸 D

　　(C) 周長 C

　　(D) 旋轉 R

　答案：ABD

4-16. 關於矩形 RECTANG 的副選項，下列那些正確？（**複選**）

(A) C：倒角

(B) D：倒角

(C) R：圓角

(D) F：圓角

答案：AD

4-17. 對於繪製修訂雲形的特性，下列哪些敘述正確？（**複選**）

(A) 完成後的物件是弧

(B) 完成後的物件是聚合線

(C) 修訂雲形的弧型式有二種：正常與書法

(D) 修訂雲形的弧型式有二種：正常與特殊

答案：BC

4-18. 對於繪製修訂雲形的特性，下列哪些敘述正確？（**複選**）

(A) 指令是 REVCLOUD

(B) 可控制是否反轉方向

(C) 最大弧長不能超出最小弧長的三倍

(D) 最大弧長不能超出最小弧長的五倍

答案：ABC

4-19. 修訂雲形可利用下列哪些物件來轉換？（**複選**）

(A) 線與聚合線

(B) 圓與橢圓

(C) 雲形線

(D) 弧

答案：ABCD

4-20. 關於多邊形 POLYGON 的副選項，下列那些正確？（**複選**）

(A) E：已知邊長

(B) I：內接於圓內

(C) C：外切於圓上

(D) O：外接於圓上

答案：AC

4-21. 多邊形 POLYGON 能接受的最小邊數，下列哪一項正確？

(A) 0

(B) 1

(C) 2

(D) 3

答案：D

4-22. 多邊形 POLYGON 能接受的最大邊數，下列哪一項正確？

(A) 1024

(B) 2048

(C) 4096

(D) 9999

答案：A

4-23. 欲修改點型式，下列哪些操作正確？（**複選**）

(A) 「功能面板/公用程式/點型式」

(B) 「功能面板/繪製/點型式」

(C) 執行 TYPE 指令

(D) 執行 DDPOINT 指令

答案：AC

4-24. 對長度為 100 的線，以等分 DIVIDE 指令六等分，共有幾個佈點？

(A) 3

(B) 4

(C) 5

(D) 6

答案：C

4-25. 對圓與弧分別作六等分，下列哪些敘述正確？（複選）

(A) 圓共有 5 個佈點

(B) 圓共有 6 個佈點

(C) 弧共有 5 個佈點

(D) 弧共有 6 個佈點

答案：BC

4-26. 關於等分 DIVIDE 指令的有效範圍，下列哪一項正確？

(A) 2~1024 實數

(B) 2~32767 實數

(C) 2~1024 整數

(D) 2~32767 整數

答案：D

4-27. 關於等分 DIVIDE 的指令特性，下列哪些敘述正確？（複選）

(A) 可以用圖塊來取代點記號佈點

(B) LINE 可以被等分

(C) XLINE 可以被等分

(D) SPLINE 可以被等分

答案：ABD

4-1-5 第五類：AutoCAD 編輯控制操作能力

本書範例題目內容為認證題型與命題方向之示範，正式測驗試題不以範例題目為限。

5-01. 「編修指令/物件選取方式/窗選 W」的敘述，下列哪些正確？（**複選**）

(A) 選框是實線框

(B) 選框是虛線框

(C) 「選取物件/直接由左而右拉框」

(D) 「選取物件/直接由右而左拉框」

答案：AC

5-02. 「編修指令/物件選取方式/框選 C」的敘述，下列哪些正確？（**複選**）

(A) 選框是實線框

(B) 選框是虛線框

(C) 「選取物件/直接由左而右拉框」

(D) 「選取物件/直接由右而左拉框」

答案：BD

5-03. 「編修指令/物件選取方式/移除選集」，下列哪一項操作正確？

(A) [Ctrl]+選取物件

(B) [Shift]+選取物件

(C) [Ctrl]+[Shift]+選取物件

(D) [Ctrl]+[Alt]+選取物件

答案：B

5-04. 「編修指令/物件選取方式/籬選」，需輸入下列哪一項副選項？

(A) K

(B) X

(C) F

(D) S

答案：C

5-05. 「預覽選取/視覺效果設定/區域選取效果」，可設定下列哪些項目？（**複選**）

(A) 亮度

(B) 選取區域不透明度

(C) 窗選顏色

(D) 框選顏色

答案：BCD

5-06. 圖面中若只有幾條線 LINE 與幾個圓 CIRCLE 與數個弧 ARC，則 Qselect 之畫面中物件類型會有幾個選項？

(A) 2

(B) 3

(C) 4

(D) 5

答案：C

5-07. 關於群組 GROUP 的敘述，下列哪些正確？（**複選**）

(A) 作用開關是[Ctrl]+[A]

(B) 作用開關是[Ctrl]+[Shift]+[A]

(C) 快捷鍵是 G

(D) 快捷鍵是 GR

答案：BC

5-08. 關於複製 COPY 功能的敘述，下列哪些正確？（**複選**）

(A) 快捷鍵是 CO 或 CP

(B) 預設的複製模式是多重

(C) 可陣列複製

(D) 不可陣列複製

答案：ABC

5-09. 「OFFSET 指令/圖層 L」，有哪些圖層副選項？（**複選**）

(A) 目前 C

(B) 刪除 E

(C) 碰選 P

(D) 來源 S

答案：AD

5-10. 關於 COPY 指令的特性敘述，下列哪些正確？（**複選**）

(A) 預設動作就是多重複製

(B) 變更複製模式必須輸入副選項 D

(C) 多重複製有誤，無法退回

(D) 多重複製有誤，可用副選項 U 退回

答案：AD

5-11. 關於 OFFSET 指令的特性敘述，下列哪些正確？（**複選**）

(A) 可設定偏移後是否刪除來源物件

(B) 可設定偏移後的物件圖層

(C) 可設定連續性的多重偏移複製

(D) 可設定偏移距離為負值

答案：ABC

5-12. OFFSET 指令下達後，下列哪些數值可被接受？（**複選**）

(A) 456/23

(B) 45.6/23

(C) 45.623

(D) -45.623

答案：AC

5-13. 下達 OFFSET 指令後，除輸入距離外還有下列哪些副選項可選取？（**複選**）

(A) 通過 T

(B) 刪除 E

(C) 複製 C

(D) 圖層 L

答案：ABD

5-14. 下達 TRIM 指令後，可按下列哪一項配合鍵改為延伸 EXTEND 功能？

(A) [Ctrl]

(B) [Tab]

(C) [Shift]

(D) [Ctrl]+[Shift]

答案：C

5-15. TRIM 指令有效的修剪邊緣物件，包括下列哪些？（**複選**）

(A) 線、聚合線、雲形線

(B) 圓、弧、橢圓

(C) 標註

(D) 圖塊、文字

答案：ABD

5-16. TRIM 指令可以被修剪的物件，包括下列哪些？（**複選**）

(A) 圖塊

(B) 圓、弧、橢圓

(C) 文字

(D) 填充線

答案：BD

5-17. 「TRIM 指令/選取要修剪的物件」，可用下列哪些選取方式？（**複選**）

(A) 籬選 F

(B) 窗選 W

(C) 框選 C

(D) 全選 A

答案：AC

5-18. 「TRIM 指令/選取修剪邊緣物件」，若不選取而直接按下[Enter]，則下列哪一項敘述正確？

(A) 出現「無效的選取」錯誤訊息

(B) 代表「全部選取」所有物件為修剪邊緣

(C) 指令直接中斷停止執行

(D) 重新要求選取修剪邊緣物件

答案：B

5-19. 下達 EXTEND 指令後，下列哪一項可改為修剪 TRIM 功能？

(A) [Ctrl]

(B) [Tab]

(C) [Shift]

(D) [Ctrl]+[Shift]

答案：C

5-20. FILLET 指令不管半徑為何，欲對二條線執行半徑為 0 的圓角，下列哪一項操作正確？

(A) [Tab]+選取二條線

(B) [Ctrl]+選取二條線

(C) [Alt]+選取二條線

(D) [Shift]+選取二條線

答案：D

5-21. 下達 FILLET 指令後，下列哪些副選項可選取？（**複選**）

　　(A) 刪除 E

　　(B) 聚合線 P

　　(C) 多重 M

　　(D) 退回 U

　　答案：BCD

5-22. 關於 FILLET 的功能敘述，下列哪些正確？（**複選**）

　　(A) 副選項 T 可控制原物件是否修剪

　　(B) 副選項 P 可對整個聚合線物件執行圓角

　　(C) 選取第二個物件時可預覽圓角效果

　　(D) 按住[Shift]後選取第二個物件時，圓角的半徑為 0

　　答案：ABCD

5-23. 關於 CHAMFER 的副選項敘述，下列哪些正確？（**複選**）

　　(A) 副選項 D 必須輸入二段倒角距離

　　(B) 副選項 D 必須輸入一段距離+一個角度

　　(C) 副選項 A 必須輸入二個角度

　　(D) 副選項 A 必須輸入一段距離+一個角度

　　答案：AD

5-24. 關於 ROTATE 指令的特性敘述，下列哪些正確？（**複選**）

　　(A) 旋轉角度可輸入分數 360/14

　　(B) 旋轉角度不可輸入分數 360/14

　　(C) 副選項 C 可執行多重複製

　　(D) 副選項 C 可執行單一複製

　　答案：BD

5-25. 關於 SCALE 指令的特性敘述，下列哪些正確？（**複選**）

    (A) 比例係數可輸入分數 100/9

    (B) 比例係數不可輸入分數 100/9

    (C) 副選項 C 可執行多重複製

    (D) 副選項 C 可執行單一複製

   答案：AD

5-26. 關於 ALIGN 的特性敘述，下列哪些正確？（**複選**）

    (A) 若只指定第一個來源點與目的點，其功能同 MOVE

    (B) 指定第二個來源點與目的點，其功能同 ROTATE

    (C) 快捷鍵是 AL

    (D) 可根據對齊點調整物件比例

   答案：ABCD

5-27. 關於 STRETCH 指令的框選 Crossing 的特性敘述，下列哪一項正確？

    (A) 連續框選時，只有第一組可執行

    (B) 連續框選時，只有最後一組可執行

    (C) 連續框選時，每一組皆無法執行

    (D) 連續框選時，每一組皆可執行

   答案：D

5-28. 關於 -ARRAY 之矩形陣列的敘述，下列哪些正確？（**複選**）

    (A) 一列一行無法執行

    (B) 一列一行可以執行

    (C) 列偏移與行偏移可以是正值或負值

    (D) 列偏移與行偏移可以用拉框設定

   答案：ACD

5-29. 關於-ARRAY 指令行操作環形陣列的項目之間夾角，下列哪些敘述正確？
（**複選**）

(A) 指定要佈滿的角度必須設為 0

(B) 指定要佈滿的角度必須設為 360

(C) 項目之間夾角不可以為負值

(D) 項目之間夾角可以為負值

答案：AD

5-30. 欲執行指令行的陣列功能，可執行下列哪些指令？（**複選**）

(A) -AR

(B) _AR

(C) -ARRAY

(D) _ARRAY

答案：AC

5-31. 下列哪些物件可以被 EXPLODE 指令分解？（**複選**）

(A) 面域

(B) 圓

(C) 多行文字

(D) 填充線

答案：ACD

5-32. 關於 LENGTHEN 的副選項，下列哪些錯誤？（**複選**）

(A) 差值 D

(B) 百分比 P

(C) 總長度 T

(D) 動態 Y

答案：AD

5-33. 關於 LENGTHEN 的查詢物件長度功能，下列哪些正確？（**複選**）

(A) 弧：弧長與夾角

(B) 圓：半徑

(C) 矩形：周長

(D) 建構線：總長

答案：AC

5-34. 關於刪除重複物件的功能敘述，下列哪些正確？（**複選**）

(A) 指令是 KILLOVER

(B) 指令是 OVERKILL

(C) 物件的比較可設定公差

(D) 可結合重疊的共線物件

答案：BCD

5-35. 關於複製巢狀物件的功能敘述，下列哪些正確？（**複選**）

(A) 指令是 MCOPY

(B) 指令是 NCOPY

(C) 複製模式可選擇插入與併入

(D) 複製模式可選擇插入與合併

答案：BC

5-36. 關於 MATCHPROP 指令的性質設定包括下列哪些？（**複選**）

(A) 標註與文字

(B) 線型與線型比例

(C) 聚合線與視埠

(D) 表格與多重引線

答案：ABCD

5-37. UNDO 指令對下列哪些指令無效？（**複選**）

(A) SAVE

(B) PLOT

(C) OPEN

(D) EXPLODE

答案：ABC

5-38. 關於 JOIN 指令結合多條共線的 LINE（位於同一條無限長的線上），下列哪些敘述正確？（**複選**）

(A) 線與線之間不可以局部重疊

(B) 線與線之間可以局部重疊

(C) 線與線之間不可以有任何空隙

(D) 線與線之間可以有空隙

答案：BD

5-39. 關於 JOIN 指令，若來源物件是聚合線，下列哪些敘述正確？（**複選**）

(A) 要接合到來源的物件可以是線、弧、聚合線

(B) 要接合到來源的物件可以是雲形線或橢圓弧

(C) 來源的物件與接合物件可以有空隙

(D) 來源的物件與接合物件不可以有空隙

答案：ABD

5-40. 關於 JOIN 指令，欲將一個弧閉合成圓的副選項為下列哪一項？

(A) C

(B) L

(C) O

(D) R

答案：B

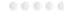

4-1-6 第六類：AutoCAD 關聯式陣列與特殊編修能力

本書範例題目內容為認證題型與命題方向之示範，正式測驗試題不以範例題目為限。

6-01. 關聯式陣列共有下列哪些類型？（**複選**）

(A) 矩形陣列

(B) 環形陣列

(C) 路徑陣列

(D) 傘狀陣列

答案：ABC

6-02. 關聯式陣列的矩形陣列功能敘述，下列哪些正確？（**複選**）

(A) 指令是 ARRAYRECT

(B) 指令是 ARRAYRECTANG

(C) 可設定項目的 3D 層數與層距

(D) 無法設定項目的 3D 層數與層距

答案：AC

6-03. 關聯式陣列的環形陣列功能敘述，下列哪些正確？（**複選**）

(A) 指令是 ARRAYPALOR

(B) 指令是 ARRAYPOLAR

(C) 副選項 RO 可設定項目是否旋轉項目

(D) 副選項 ROT 可設定項目是否旋轉項目

答案：BD

6-04. 「關聯式陣列/環形陣列」預設的項目數量是下列哪一項？

(A) 4

(B) 5

(C) 6

(D) 7

答案：C

6-05. 關聯式陣列的路徑陣列功能敘述，下列哪些正確？（**複選**）

    (A) 指令是 ARRAYPATH

    (B) 指令是 ARRAYPETH

    (C) 可設定項目沿路徑等分或等距

    (D) 可設定項目是否對齊路徑

  答案：ACD

6-06. 關聯式陣列的功能敘述，下列哪些正確？（**複選**）

    (A) 指令是 ARRAYEDIT

    (B) 快捷鍵是 ARE

    (C) 不同類型的陣列，可編輯的副選項均相同

    (D) 不同類型的陣列，可編輯的副選項不盡相同

  答案：AD

6-07. 關聯式陣列的副選項功能敘述，下列哪些正確？（**複選**）

    (A) 取代 RET

    (B) 取代 REP

    (C) 重置 RES

    (D) 重置 REP

  答案：BC

6-08. 關聯式陣列的重置陣列功能敘述，下列哪些正確？（**複選**）

    (A) 復原所有的項目取代，但無法還原刪除的項目

    (B) 復原所有的項目取代，同時可還原刪除的項目

    (C) 已變更的基準點一併還原

    (D) 已變更的基準點不會還原

  答案：BD

6-09. 欲將線或弧變成聚合線，下列哪些操作可完成？（**複選**）

(A) 指令是 PLINEDIT

(B) 指令是 PEDIT

(C) 工具圖示是

(D) 工具圖示是

答案：BC

6-10. 編輯聚合線時，如果選取的物件是線或弧，會產生「選取的物件不是一條聚合線，您要將它轉成一條聚合線」的訊息，如何抑制該訊息？

(A) 系統變數是 PEDITACCEPT=0

(B) 系統變數是 PEDITACCEPT=1

(C) 系統變數是 PEDITOK=0

(D) 系統變數是 PEDITOK=1

答案：B

6-11. 下列哪一個副選項是編輯聚合線時，不一定每次都能出現？

(A) 封閉

(B) 結合

(C) 雲形線

(D) 直線化

答案：A

6-12. 編輯聚合線，如果先使用了下列哪一個副選項選取物件，結合時將提示輸入連綴距離？

(A) V

(B) N

(C) M

(D) S

答案：C

6-13. 編輯聚合線時，關於連綴距離設定敘述，下列哪些正確？（**複選**）

(A) 可以結合不相接的聚合線

(B) 沒有特別作用

(C) 連綴距離不能輸入負值

(D) 連綴距離可以輸入負值

答案：AC

6-14. 編輯聚合線時，多重選取的接合狀況下，有下列哪些接合類型？（**複選**）

(A) 延伸

(B) 修剪

(C) 加入

(D) 二者

答案：ACD

6-15. 編輯聚合線時，下列哪些副選項可將聚合線曲線化？（**複選**）

(A) 擬合 F

(B) 編輯頂點 E

(C) 線型生成 L

(D) 雲形線 S

答案：AD

6-16. 關於聚合線的寬度敘述，下列哪些正確？（**複選**）

(A) 同一條聚合線，各線段可以有不同的寬度

(B) 可以用 PEDIT 改變寬度

(C) 可以用 PEDIT 查詢寬度

(D) 可以用 LIST 查詢寬度

答案：ABD

6-17. 編輯聚合線，欲產生通過聚合線頂點的連續樣式的線型，下列哪一項副
選項正確？

(A) 線型生成 G

(B) 線型生成 D

(C) 線型生成 L

(D) 線型生成 F

答案：C

6-18. 關於橢圓物件的 OFFSET 偏移複製敘述，下列哪些正確？（**複選**）

(A) PELLIPSE=0 產生的橢圓用 OFFSET 後圖元類別是 ELLIPSE

(B) PELLIPSE=0 產生的橢圓用 OFFSET 後圖元類別是 SPLINE

(C) PELLIPSE=1 產生的橢圓用 OFFSET 後圖元類別是 ELLIPSE

(D) PELLIPSE=1 產生的橢圓用 OFFSET 後圖元類別是 POLYLINE

答案：BD

6-19. 關於編輯雲形線的指令，下列哪些操作正確？（**複選**）

(A) 指令是 SPLINEEDIT

(B) 指令是 SPLINEDIT

(C) 工具圖示是 ✎

(D) 工具圖示是 ✑

答案：BD

6-20. 碰選雲形線 SPLINE 後，開啟快顯功能表，包含下列哪些功能？（**複選**）

(A) 擬合資料

(B) 接合

(C) 反轉

(D) 轉換為聚合線

答案：ABCD

6-21. 關於編輯複線的指令敘述，下列哪些正確？（**複選**）

(A) 被編輯的物件一定要是複線

(B) 被編輯的物件不一定要是複線

(C) 指令是 MLEDIT

(D) 指令是 MLINEDIT

答案：AC

6-22. 關於 XPLODE 進階分解指令的敘述，下列哪一項正確？

(A) EXPLODE 與 XPLODE 皆可以分解多行文字

(B) EXPLODE 與 XPLODE 皆無法分解多行文字

(C) EXPLODE 可以分解多行文字，XPLODE 不行

(D) XPLODE 可以分解多行文字，EXPLODE 不行

答案：C

6-23. XPLODE 進階分解物件的同時，可以指定改變下列哪些性質？（**複選**）

(A) 顏色

(B) 圖層

(C) 線型

(D) 線粗

答案：ABCD

6-24. XPLODE 進階分解物件，如果指定的圖層或線型不存在，會產生下列哪些結果？（**複選**）

(A) 自動建立該圖層

(B) 圖層名稱無效

(C) 自動建立該線型

(D) 線型名稱無效

答案：BD

6-25. 關於 XPLODE 進階分解指令的敘述，下列哪些正確？（**複選**）

(A) 可以分解 X，Y 不同比例的圖塊

(B) 不能分解 X，Y 不同比例的圖塊

(C) 如果選取了多個有效物件，會顯示「個別分解/<整體>」提示選項

(D) 如果選取了多個有效物件，會顯示「多重分解/<全部>」提示選項

答案：AC

6-26. 下列哪些物件可以轉換成面域？（**複選**）

(A) 封閉的聚合線

(B) 封閉的線

(C) 圓與橢圓

(D) 文字與填充線

答案：ABC

6-27. 欲產生面域物件，下列哪些指令或快捷鍵可完成？（**複選**）

(A) 指令是 REGION

(B) 快捷鍵是 REG

(C) 指令是 BOUNDARY

(D) 快捷鍵是 BO

答案：ABCD

6-28. 關於 REGION 面域物件的敘述，下列哪些正確？（**複選**）

(A) 面域可查詢面積與周長

(B) 面域可以貼附材質

(C) 面域可執行布林運算（聯集、差集、交集）

(D) 產生面域時可以透過 DELOBJ 系統變數決定是否保留原始物件

答案：ABCD

6-29. 關於布林運算聯集的敘述，下列哪些正確？（**複選**）

(A) 聚合線可以被聯集

(B) 圓可以被聯集

(C) 面域可以被聯集

(D) 實體可以被聯集

答案：CD

6-30. 欲變更影像及其他物件的顯示順序，下列哪些指令或快捷鍵可完成？

（**複選**）

(A) 指令是 DRAWORDER

(B) 指令是 DRAWDISPLAY

(C) 快捷鍵是 DD

(D) 快捷鍵是 DR

答案：AD

6-31. 反轉方向 REVERSE 的物件，除直線外還包括下列哪些？（**複選**）

(A) 聚合線

(B) 雲形線

(C) 複線

(D) 螺旋線

答案：ABD

6-32. 欲執行選取類似物件的功能，下列哪些操作正確？（**複選**）

(A) 指令是 SELECTSAME

(B) 指令是 SELECTSIMILAR

(C) 「點選物件/滑鼠右鍵/快顯功能表/選取類似物件」

(D) 「不選物件/滑鼠右鍵/快顯功能表/選取類似物件」

答案：BC

4-1-7　第七類：AutoCAD 顯示控制與查詢操作能力

本書範例題目內容為認證題型與命題方向之示範，正式測驗試題不以範例題目為限。

7-01. 當 ZOOM 與 PAN 到極限無法動作時，下列哪些指令或快捷鍵可完成？
（複選）

(A) REGEN

(B) REDRAW

(C) RE

(D) R

答案：AC

7-02. ZOOM 顯示控制指令，縮放至物件的副選項為下列哪一項？

(A) B

(B) T

(C) J

(D) O

答案：D

7-03. 可控制 ZOOM/PAN 的平滑視圖轉移特效系統變數為下列哪一項？

(A) VTDISPLAY

(B) VTENABLE

(C) ZOOMPANMODE

(D) SMOOTHMODE

答案：B

7-04. 關於中間滾輪執行即時縮放的變更增量控制，下列哪些敘述正確？（複選）

(A) 系統變數是 ZOOMFACTER

(B) 系統變數是 ZOOMFACTOR

(C) 數值越大，滑鼠輪子每次引起的變更增量就越大

(D) 數值越小，滑鼠輪子每次引起的變更增量就越大

答案：BC

7-05. 以 ZOOM 指令欲完成縮放至實際範圍，下列哪些操作可完成？（**複選**）

(A)「ZOOM/E」

(B)「ZOOM/X」

(C) 左鍵快按二下

(D) 中間滾輪快按二下

答案：AD

7-06. 欲呼叫出鳥瞰視圖畫面，下列哪一項指令或快捷鍵可完成？

(A) DSVIEWER

(B) _DSVIEWER

(C) .DSVIEWER

(D) -DSVIEWER

答案：C

7-07. 於模型空間執行-VPORTS 指令，下列哪些副選項不包含在內？（**複選**）

(A) 儲存

(B) 鎖住

(C) 接合

(D) 隱藏出圖

答案：BD

7-08. 於圖紙空間執行-VPORTS 指令，下列哪些副選項不包含在內？（**複選**）

(A) 儲存

(B) 鎖住

(C) 接合

(D) 隱藏出圖

答案：AC

7-09. 關於模型空間的 VPORTS 視埠對話框指令,下列哪些敘述正確?(**複選**)

(A) 視埠分割可以新建具名視埠

(B) 視埠分割可以調整視埠間距

(C) 可以控制各分割視埠的背景顏色

(D) 可以設定視埠分割為 2D 或 3D

答案:AD

7-10. 關於快速縮放比 VIEWRES 設定弧與圓的平滑度,下列哪些敘述正確?(**複選**)

(A) 預設值是 100

(B) 預設值是 1000

(C) 有效範圍是 1~10000

(D) 有效範圍是 1~20000

答案:BD

7-11. 工作區管理的指令為下列哪一項?

(A) WORKMAN

(B) WORKSTYLE

(C) WORKSPACE

(D) WORKMANAGER

答案:C

7-12. 欲執行清爽螢幕功能開關,下列哪些敘述正確?(**複選**)

(A) 指令是 CLEANSCREENON 與 CLEANSCREENOFF

(B) 指令是 CLEARSCREENON 與 CLEARSCREENOFF

(C) 快捷鍵是[Ctrl]+[0]

(D) 快捷鍵是[Ctrl]+[1]

答案:AC

7-13. 欲調整十字游標大小，下列哪些操作可完成？（**複選**）

(A) 指令是 CURSORSIZE

(B) 指令是 MOUSESIZE

(C) 「選項/顯示/十字游標大小」

(D) 「選項/系統/十字游標大小」

答案：AC

7-14. 對於數個開啟的圖面，於 Windows 工具列中顯示為個別項目的控制，下列哪一項正確？

(A) WORKBAR=1

(B) TASKBAR=1

(C) DWGBAR=1

(D) DISPLAYBAR=1

答案：B

7-15. 關於視圖 VIEW 指令應用，下列哪些敘述正確？（**複選**）

(A) 重複的視圖名稱可以直接取代

(B) 重複的視圖名稱必須先刪除舊的才能新建

(C) 已儲存的視圖可更新圖層資訊

(D) 已儲存的視圖可重新編輯視圖邊界

答案：ACD

7-16. 「視圖 VIEW/更新圖層」，會儲存下列哪些圖層狀態？（**複選**）

(A) 打開與關閉

(B) 解凍與凍結

(C) 鎖住與解鎖

(D) 出圖與不出圖

答案：AB

7-17. 「視圖 VIEW/編輯邊界」，下列哪些敘述正確？（**複選**）

(A) 編輯邊界時，原視圖所定的舊邊界，清晰可見

(B) 編輯邊界時，原視圖所定的舊邊界並未顯示

(C) 編輯邊界時，選定二角點時，無法執行 ZOOM/PAN 指令

(D) 編輯邊界時，選定二角點時，可搭配執行 ZOOM/PAN 指令

答案：AD

7-18. 關於 TEXTTOFRONT 指令的敘述，下列哪些正確？（**複選**）

(A) 可將圖面中所有影像置於前方

(B) 可將圖面中所有填充線置於前方

(C) 可將圖面中所有文字置於前方

(D) 可將圖面中所有標註置於前方

答案：CD

7-19. 關於貼心快速的將文字、標註、填充線物件放置的敘述，下列哪些正確？（**複選**）

(A) HATCHTOFRONT 可將圖面中所有填充線置於前方

(B) HATCHTOBACK 可將圖面中所有填充線置於最下方

(C) TEXTTOFRONT 可將圖面中所有文字置於前方

(D) DIMTOFRONT 可將圖面中所有標註置於前方

答案：BC

7-20. 關於顯示 SHOW MOTION 快速選取具名 VIEW 視圖的操作，下列哪些正確？（**複選**）

(A) 指令是 SMOTION

(B) 指令是 NAVSMOTION

(C) 快捷鍵是 SMOT

(D) 快捷鍵是 MOTION

答案：BD

7-21. 欲將所選物件暫時的隱藏或隔離，下列哪些指令正確？（**複選**）

(A) 隱藏物件的指令是 HIDEOBJECT

(B) 隱藏物件的指令是 HIDEOBJECTS

(C) 隔離物件的指令是 DISPLAYOBJECTS

(D) 隔離物件的指令是 ISOLATEOBJECTS

答案：BD

7-22. 關於測量 MEASUREGEOM 指令的副選項，下列哪些正確？（**複選**）

(A) 距離 D

(B) 半徑 R

(C) 角度 A

(D) 面積 V

答案：ABC

7-23. 可同時測量距離、半徑、角度、面積、體積的指令或快捷鍵為下列哪些？

（**複選**）

(A) 指令是 MEASUREGEOM

(B) 指令是 MEASUREMAN

(C) 快捷鍵是 MEG

(D) 快捷鍵是 MEA

答案：AD

7-24. 欲查詢一條 LINE 的線長，下列哪些指令可完成？（**複選**）

(A) LIST

(B) DIST

(C) LENGTHEN

(D) MEASUREGEOM

答案：ABCD

7-25. 欲查詢一個 CIRCLE 的周長，下列哪些指令可完成？（**複選**）

(A) LIST

(B) DIST

(C) LENGTHEN

(D) AREA

答案：ACD

7-26. 欲查詢一封閉聚合線的面積，下列哪些指令可完成？（**複選**）

(A) LIST

(B) DIST

(C) LENGTHEN

(D) AREA

答案：AD

7-27. 欲查詢一個 CIRCLE 的直徑，下列哪些指令可完成？（**複選**）

(A) LIST

(B) DIST

(C) PROPERTIES

(D) AREA

答案：BC

7-28. 欲查詢某一物件所在的圖層，下列哪些指令或操作可完成？（**複選**）

(A) 指令是 LIST

(B) 單碰該物件

(C) 懸停於該物件

(D) 指令是 MEASUREGEOM

答案：ABC

4-1-8 第八類：AutoCAD 文字註解與表格設定能力

本書範例題目內容為認證題型與命題方向之示範，正式測驗試題不以範例題目為限。

8-01. 關於 TEXT 指令的敘述，下列哪些正確？（**複選**）

(A) DTEXT 等於 TEXT

(B) DTEXT 不等於 TEXT

(C) 快捷鍵是 DT

(D) 快捷鍵是 T

答案：AC

8-02. TEXT 書寫文字時，下列哪些副選項可以將文字控制於二點之間？（**複選**）

(A) M

(B) A

(C) R

(D) F

答案：BD

8-03. TEXT 書寫文字時，下列哪些副選項可以將文字置中對齊？（**複選**）

(A) M

(B) A

(C) F

(D) MC

答案：AD

8-04. TEXT 書寫文字時，輸入副選項 S 代表下列哪一項意義？

(A) 選取欲使用的字體（字體必須事先設定完成）

(B) 選取欲使用的字體（字體若不存在，自動建立）

(C) 代表 STANDARD 字體

(D) 選擇其他特殊的對齊方式

答案：A

8-05. 執行 TEXT 書寫文字後，再一次執行，若在「指定文字的起點」提示下按下[Enter]代表下列哪一項意義？

　　(A) 文字會直接放在前一行文字之下（延續之前的對齊法但不延續字高）

　　(B) 文字會直接放在前一行文字之下（重新要求輸入對齊法但延續字高）

　　(C) 文字會直接放在前一行文字之下（延續之前的對齊法、字高與角度）

　　(D) 文字會直接放在前一行文字之下（重新要求輸入對齊法、字高與角度）

　　答案：C

8-06. 欲產生文字的頂線，文字控制碼為下列哪一項？

　　(A) %%c

　　(B) %%p

　　(C) %%d

　　(D) %%o

　　答案：D

8-07. 欲產生文字的底線，文字控制碼為下列哪一項？

　　(A) %%u

　　(B) %%p

　　(C) %%d

　　(D) %%o

　　答案：A

8-08. 欲產生文字的角度符號，文字控制碼為下列哪一項？

　　(A) %%u

　　(B) %%p

　　(C) %%d

　　(D) %%o

　　答案：C

8-09. 欲產生文字的直徑符號，文字控制碼為下列哪一項？

　　　(A) %%p

　　　(B) %%c

　　　(C) %%d

　　　(D) %%o

　　答案：B

8-10. 欲產生文字的正負符號，文字控制碼為下列哪一項？

　　　(A) %%p

　　　(B) %%c

　　　(C) %%d

　　　(D) %%o

　　答案：A

8-11. 關於 TEXT 書寫文字時的高度設定，下列哪些敘述正確？（**複選**）

　　　(A) 字型若有設定高度，寫字時不問字高

　　　(B) 字型若有設定高度，寫字時還是會問字高

　　　(C) 對正方式選 A，不問字高

　　　(D) 字型設定高度=0 時，對正方式選 F，不問字高

　　答案：AC

8-12. 下列哪一項字體名稱是 AutoCAD 中文版內附贈的繁體中文字體？

　　　(A) CHINA.SIIX

　　　(B) CHINESET.SHX

　　　(C) BIGFONT.SHX

　　　(D) EXTFONT.SHX

　　答案：B

8-13. 欲更名文字字體，下列哪些指令可完成？（**複選**）

    (A) -STYLE

    (B) STYLE

    (C) RENAME

    (D) TEXT

  答案：BC

8-14. 在字體設定，若設定為標楷體，則下列哪一項效果無法設定？

    (A) 上下顛倒

    (B) 左右相反

    (C) 垂直

    (D) 寬度係數

  答案：C

8-15. 關於定義 AutoCAD 應該如何轉換找不到的字體，下列哪些敘述正確？
（**複選**）

    (A) 預設的檔案是 FONT.FMP

    (B) 預設的檔案是 ACAD.FMP

    (C) 可由「選項 OPTIONS/檔案/字體對映檔」設定

    (D) 可由「選項 OPTIONS/系統/字體對映檔」設定

  答案：BC

8-16. 在多行文字 MTEXT 的自動堆疊文字控制中，可接受下列哪些字元？
（**複選**）

    (A) $

    (B) /

    (C) ^

    (D) #

  答案：BCD

8-17. 在多行文字 MTEXT 的自動堆疊文字後，要產生 1/3 堆疊效果的輸入內容，下列哪一項表示方法正確？

    (A) 1/3

    (B) 1//3

    (C) 1#3

    (D) 1^3

    答案：C

8-18. 關於多行文字 MTEXT 的敘述，下列哪些正確？（**複選**）

    (A) 快捷鍵是 T

    (B) 快捷鍵是 MT

    (C) 無法用 EXPLODE 分解成單行文字

    (D) 可以用 EXPLODE 分解成單行文字

    答案：ABD

8-19. 尋找與取代 FIND 的選項中有效的物件包含下列哪些？（**複選**）

    (A) 圖塊屬性值

    (B) 標註或引線文字

    (C) 單行或多行文字

    (D) 表格文字

    答案：ABCD

8-20. 僅能變更單行文字內容而不變更該文字物件的格式化或性質，下列哪些操作正確？（**複選**）

    (A) 指令是 TEXTEDIT

    (B) 指令是 TEXTED

    (C) 左鍵快按該文字二下

    (D) 右鍵快按該文字二下

    答案：AC

8-21. 欲調整所選文字的字高或比例大小，最佳的指令為下列哪一項？

(A) SCALE

(B) SCALETEXT

(C) PROPERTIES

(D) TEXTEDIT

答案：B

8-22. 下列哪些指令可以改變文字的字高？（**複選**）

(A) SCALE

(B) SCALETEXT

(C) PROPERTIES

(D) JUSTIFYTEXT

答案：ABC

8-23. 不變更所選取文字物件位置的情況下，變更該文字物件的對正點，下列哪些操作可完成？（**複選**）

(A) 指令是 JUSTIFYTEXT

(B) 指令是 SCALETEXT

(C) 工具圖示是

(D) 工具圖示是

答案：AC

8-24. 關於多行文字 MTEXT 寫入時，按滑鼠右鍵呼叫快顯功能表，會有下列哪些項目？（**複選**）

(A) 匯入文字

(B) 變更大小寫

(C) 插入功能變數

(D) 背景遮罩

答案：ABCD

8-25. 對於「多行文字/背景遮罩/圖框偏移係數」的設定範圍，下列哪一項正確？

(A) 0~5

(B) 1~5

(C) 0~10

(D) 1~10

答案：B

8-26. 表格型式管理員，下列哪些敘述正確？（**複選**）

(A) 快捷鍵是 TS

(B) 指令是 TABSTYLE

(C) 指令是 TABLESTYLE

(D) 工具圖示是 ⊞

答案：AC

8-27. 「表格型式管理員/新建」儲存格型式設定項目，有下列哪些？（**複選**）

(A) 標頭

(B) 標尾

(C) 資料

(D) 標題

答案：ACD

8-28. 「表格型式管理員/新建」，方向控制有下列哪些？（**複選**）

(A) 向上

(B) 向下

(C) 向左

(D) 向右

答案：AB

8-29. 建立表格，下列哪些敘述正確？（**複選**）

(A) 快捷鍵是 TB

(B) 指令是 TABLE

(C) 工具圖示是

(D) 工具圖示是

答案：ABD

8-30. 「建立表格/儲存格內選取插入圖塊」，下列哪些敘述正確？（**複選**）

(A) 可設定圖塊自動填入表格內

(B) 可設定圖塊角度

(C) 儲存格的對齊方式有六種

(D) 儲存格的對齊方式有九種

答案：ABD

8-31. 「編輯表格/儲存格」，下列哪些敘述正確？（**複選**）

(A) 可以插入圖塊

(B) 可以插入功能變數

(C) 可以插入公式

(D) 可以插入影像

答案：ABC

8-32. 匯出表格資料，匯出的檔案類型為下列哪一項？

(A) *.TAB

(B) *.TSV

(C) *.CSV

(D) *.CAB

答案：C

8-33. 複製 Excel 表格後，欲轉換成 AutoCAD「表格」資料放置於圖面，要執行下列哪一項操作才能完成？

(A)「貼上/AutoCAD 圖元」

(B)「選擇性貼上/AutoCAD 圖元」

(C)「匯入/AutoCAD 圖元」

(D)「插入物件/AutoCAD 圖元」

答案：B

8-34. 功能變數 FIELD，插入儲存日期後，正常狀況下，若重新下完 SAVE 指令，則有關圖面中該功能變數文字資料，下列哪一項敘述正確？

(A) 該功能變數文字不會變更

(B) 該功能變數文字會變更，但是要下達 REGEN 指令

(C) 該功能變數文字會立刻自動變更

(D) 該功能變數文字會變更，但是要下達 FIELDREGEN 指令

答案：C

8-35. 插入功能變數 FIELD，控制功能變數資料是否出現淺灰背景的系統變數為下列哪一項？

(A) FIELDBACKGROUND

(B) FIELDDISPLAY

(C) FIELDCOLOR

(D) FIELDIMAGE

答案：B

8-36. 功能變數 FIELD，插入檔名後，可以控制的顯示資料內容為下列哪些？（複選）

(A) 僅檔名

(B) 僅路徑

(C) 路徑與檔名

(D) 顯示副檔名開關

答案：ABCD

8-37. 功能變數 FIELD，插入檔名後，正常狀況下，若另存新檔重新命名，關於圖面中該功能變數文字資料，下列哪一項敘述正確？

　　(A) 該功能變數文字會立刻自動變更

　　(B) 該功能變數文字會變更，但是要下達 REGEN 指令

　　(C) 該功能變數文字不會變更

　　(D) 該功能變數文字會變更，但必須重新 OPEN 該圖檔

　　答案：A

8-38. 功能變數 FIELD，插入圖面相關日期的功能變數有下列哪些？（**複選**）

　　(A) 修改日期

　　(B) 出圖日期

　　(C) 儲存日期

　　(D) 建立日期

　　答案：BCD

8-39. 功能變數 FIELD，插入物件相關性質資料，下列哪些敘述正確？（**複選**）

　　(A) 可取得填充線的面積

　　(B) 可取得填充線的周長

　　(C) 可取得圓的面積

　　(D) 可取得圓的圓周

　　答案：ACD

8-40. 功能變數 FIELD，控制功能變數更新設定，所在位置為下列哪一項？

　　(A)「選項/系統」

　　(B)「選項/顯示」

　　(C)「選項/使用者偏好」

　　(D)「選項/開啟與儲存」

　　答案：C

4-1-9　第九類：AutoCAD 填充線、填實與遮蔽操作能力

> 本書範例題目內容為認證題型與命題方向之示範，正式測驗試題不以範例題目為限。

9-01. 公制的填充線樣式檔的檔名為下列哪一項？

　　(A) ACADISO.PGP

　　(B) ACAD.PGP

　　(C) ACADISO.PAT

　　(D) ACAD.PAT

　　答案：C

9-02. 欲叫出建立填充線與漸層對話框，下列哪些操作正確？（**複選**）

　　(A) 「HATCH/S」

　　(B) 「HATCH/T」

　　(C) 「填充線頁籤/選項功能面板/面板對話框啟動器」

　　(D) 「填充線建立/性質面板/面板對話框啟動器」

　　答案：BC

9-03. 「填充線 HATCH 建立/性質面板」，填充線類型選單有下列哪些？（**複選**）

　　(A) 實體

　　(B) 漸層

　　(C) 樣式

　　(D) 使用者定義

　　答案：ABCD

9-04. 填充線 HATCH 建立的類型中，下列哪一項可以控制間距？

　　(A) 預先定義

　　(B) 使用者定義

　　(C) 實體

　　(D) 漸層

　　答案：B

9-05. 填充線 HATCH 建立的類型中，下列哪些可調整比例？（**複選**）

    (A) GRASS

    (B) STARS

    (C) SOLID

    (D) GRAVEL

    答案：ABD

9-06. 填充線 HATCH 建立的類型中，代表混凝土砂石斷面的樣式為下列哪一項？

    (A) AR-CONC

    (B) AR-SAND

    (C) GRASS

    (D) GRAVEL

    答案：A

9-07. 填充線 HATCH 建立的類型中，代表碎石砂礫的樣式為下列哪一項？

    (A) HONEY

    (B) STAR

    (C) GRASS

    (D) GRAVEL

    答案：D

9-08. 對於未封閉的邊界製作填充線，下列哪一項可設定間隙公差系統變數？

    (A) HPGAP

    (B) HATGAP

    (C) HATCHGAP

    (D) HPGAPTOL

    答案：D

9-09.「填充線 HATCH 建立/性質面板」，可設定下列哪些選項？（複選）

(A) 填充線類型

(B) 填充線圖層

(C) 填充線背景顏色

(D) 填充線顏色

答案：ABCD

9-10.「填充線 HATCH 建立/性質面板」，可設定下列哪些選項？（複選）

(A) 透明度

(B) 角度

(C) 比例

(D) 顏色

答案：ABCD

9-11.「填充線 HATCH 建立/選項面板」，孤立物件偵測類型有下列哪些？（複選）

(A) 內側

(B) 正常

(C) 外部

(D) 忽略

答案：BCD

9-12.「填充線 HATCH 建立/邊界面板」，保留邊界的物件類型有下列哪些？
（複選）

(A) 聚合線

(B) 雲形線

(C) 複合線

(D) 面域

答案：AD

9-13. 「填充線 HATCH 建立/選項面板」，填充線的繪製順序有幾種？

(A) 3

(B) 5

(C) 7

(D) 9

答案：B

9-14. 填充線 HATCH 建立操作中，填充線透明度設定的有效範圍為下列哪一項？

(A) 0~10

(B) 0~50

(C) 0~90

(D) 0~100

答案：C

9-15. 漸層填滿的操作中，下列哪些敘述正確？（**複選**）

(A) 可以選擇一種或二種顏色

(B) 可以設定漸層的間距

(C) 可以調整漸層的透明度

(D) 可以設定漸層方位是否置中與角度

答案：ACD

9-16. 漸層填滿的操作中，下列哪些敘述正確？（**複選**）

(A) 可以選擇原來的 255 種顏色

(B) 可以選擇 RGB 全彩顏色

(C) 可以選擇 HSL 全彩顏色

(D) 可以選擇協力廠商顏色表

答案：ABCD

9-17. 於孤立物件偵測時，一般狀況下建立封閉區域填充線，若偵測到內部的文字或標註文字時，會產生下列哪一項情形？

    (A) 不受文字影響，但受到標註文字影響

    (B) 不受標註文字影響，但受到文字影響

    (C) 皆不受影響

    (D) 皆受到影響

  答案：D

9-18. 忽略孤立物件偵測狀況下，建立封閉區域填充線，若偵測到內部的文字或標註文字時，會產生下列哪一項情形？

    (A) 不受文字影響，但受到標註文字影響

    (B) 不受標註文字影響，但受到文字影響

    (C) 皆不受影響

    (D) 皆受到影響

  答案：C

9-19. 關於漸層填滿的指令或快捷鍵，下列哪些正確？（**複選**）

    (A) 快捷鍵是 GD

    (B) 快捷鍵是 GH

    (C) 指令是 GRADIENT

    (D) 指令是 GRADHAT

  答案：AC

9-20. 欲執行功能面板的填充線編輯，下列哪一項操作正確？

    (A) 左鍵碰選填充線

    (B) 右鍵碰選填充線

    (C) 指令是 HATCHEDIT

    (D) 快捷鍵是 HE

  答案：A

9-21. 碰選填充線，游標懸停於掣點，可執行的操作有下列哪些？（**複選**）

(A) 拉伸

(B) 原點

(C) 填充線角度

(D) 填充線比例

答案：ABCD

9-22. 在封閉區域內欲建立與圖面中填充線 A 物件相同的填充線，下列哪些操作正確？（**複選**）

(A)「填充線與漸層對話框/繼承性質」

(B)「填充線建立頁籤/選項面板/複製性質」

(C)「碰選 A 物件/快顯功能表/加入所選物件」

(D) 複製性質 MATCHPROP

答案：ABC

9-23. 欲建立遮蔽物件的指令，下列哪一項正確？

(A) WIPEIN

(B) DWFOUT

(C) EXPORT

(D) WIPEOUT

答案：D

9-24. 關於建立遮蔽物件的特性，下列哪些敘述正確？（**複選**）

(A) 指令是 WIPE

(B) 指令是 WIPEOUT

(C) 控制遮蔽框開關的副選項是 F

(D) 控制遮蔽框開關的副選項是 P

答案：BC

4-1-10 第十類：AutoCAD 物件相關資料設定能力

> 本書範例題目內容為認證題型與命題方向之示範,正式測驗試題不以範例題目為限。

10-01. 關於圖層性質管理員的敘述,下列哪些正確?(**複選**)

    (A) 快捷鍵是 LA

    (B) 快捷鍵是 LAY

    (C) 工具圖示是

    (D) 工具圖示是

    答案：AC

10-02. 關於圖層性質管理員的錨定位置,下列哪些正確?(**複選**)

    (A) 可錨定左側

    (B) 可錨定右側

    (C) 可錨定上方

    (D) 可錨定下方

    答案：AB

10-03. 關於圖層性質管理員的圖層設定功能,下列哪些正確?(**複選**)

    (A) 可設定圖層是否出圖

    (B) 可設定圖層的顏色與線型

    (C) 可設定圖層的描述

    (D) 可設定圖層的透明度

    答案：ABCD

10-04. 關於圖層 0 層的敘述,下列哪些正確?(**複選**)

    (A) 0 層可以被更名

    (B) 0 層可以被刪除

    (C) 0 層可以被鎖住

    (D) 0 層可以被關閉

    答案：CD

10-05. 關於目前層的敘述，下列哪些正確？（**複選**）

    (A) 目前層可以被關閉

    (B) 目前層可以被凍結

    (C) 目前層可以被鎖住

    (D) 目前層可以被刪除

    答案：AC

10-06. 圖層性質管理員的圖層無法刪除下列哪些圖層？（**複選**）

    (A) 0 層與 Defpoints 層

    (B) 目前層

    (C) 從屬外部參考圖層

    (D) 含有物件的圖層

    答案：ABCD

10-07. 圖層狀態管理員匯出的檔案類型為下列哪一項？

    (A) *.LAY

    (B) *.LAS

    (C) *.LAB

    (D) *.LAK

    答案：B

10-08. 圖層篩選設定，若只想找出所有圖層名前四個字為 WALL 的所有圖層，須設定下列哪一項過濾條件？

    (A) WALL

    (B) WALL?

    (C) WALL*

    (D) *WALL*

    答案：C

10-09. 當執行 ERASE 指令後，以 ALL 方式選取物件，下列哪些圖層的物件不會被刪除？（**複選**）

(A) 關閉的圖層
(B) 凍結的圖層
(C) 鎖住的圖層
(D) 設定不出圖的圖層

答案：BC

10-10. 欲提高 ZOOM、PAN 與許多其他操作的執行速度、提升物件選取的效能並減少複雜圖面的重生時間，應該對該圖層執行下列哪一項操作？

(A) 關閉圖層
(B) 凍結圖層
(C) 鎖住圖層
(D) 刪除圖層

答案：B

10-11. 下列哪些指令可以刪除未使用的圖層？（**複選**）

(A) PURGE
(B) LAYLCK
(C) LAYER
(D) LAYDEL

答案：ACD

10-12. 關於圖層刪除 LAYDEL 的功能特性，下列哪些敘述正確？（**複選**）

(A) 刪除圖層上所有物件，並清除該圖層
(B) 刪除圖層上所有物件，但是不清除該圖層
(C) 會刪除所有圖塊定義中該圖層上的物件，並重新定義圖塊
(D) 不會刪除圖塊定義中該圖層上的物件

答案：AC

10-13. 關於圖層刪除 LAYDEL 的刪除圖層範圍敘述，下列哪些正確？（**複選**）

    (A) 無法刪除目前層

    (B) 無法刪除 Defpoints 圖層

    (C) 無法刪除凍結的圖層

    (D) 無法刪除鎖住的圖層

  答案：AD

10-14. 關於圖層在目前的視埠中凍結，下列哪些敘述正確？（**複選**）

    (A) 在模型空間可以執行

    (B) 在視埠之浮動模型空間中可以執行

    (C) 在配置之圖紙空間中可以執行

    (D) 其他視埠中的同一圖層不受影響

  答案：BCD

10-15. 欲將目前圖層設定為所選物件的圖層，下列哪一項正確？

    (A) LAYERMCUR

    (B) LAYMCUR

    (C) LAYMKCUR

    (D) LAYERMKCUR

  答案：B

10-16. 下列哪些指令或快捷鍵可以呼叫執行圖層狀態管理員？（**複選**）

    (A) 指令是 LAYERSTATE

    (B) 指令是 LAYERSTATES

    (C) 快捷鍵是 LTS

    (D) 快捷鍵是 LAS

  答案：AD

10-17. 圖層狀態管理員可匯入的檔案類型有哪幾種？

　　　(A) 二種：DWG、DWS

　　　(B) 三種：DWG、DWT、DWS

　　　(C) 四種：DWG、DWT、DWS、LAS

　　　(D) 四種：DWG、DWT、DWS、DXF

　　答案：C

10-18. 下列哪些指令或快捷鍵可以呼叫執行線型管理員？（**複選**）

　　　(A) 指令是 LINESTYLE

　　　(B) 指令是 LINETYPE

　　　(C) 快捷鍵是 LP

　　　(D) 快捷鍵是 LT

　　答案：BD

10-19. 點型式的設定對下列哪些指令有影響？（**複選**）

　　　(A) ELLIPSE

　　　(B) MEASURE

　　　(C) DIVIDE

　　　(D) POINT

　　答案：BCD

10-20. 點型式的設定，下列哪些敘述正確？（**複選**）

　　　(A) 新圖的預設點型式 PDMODE=0

　　　(B) 新圖的預設點型式 PDMODE=3

　　　(C) 可設定相對於螢幕的大小

　　　(D) 可設定以絕對單位設定大小

　　答案：ACD

10-21. 關於線粗的設定，下列哪些敘述正確？（**複選**）

　　　(A) 指令是 LWIDTH

　　　(B) 指令是 LWEIGHT

　　　(C) 快捷鍵是 LW

　　　(D) 可按[F12]來開關

　　答案：BC

10-22. RENAME 能變更的具名物件有哪些？（**複選**）

　　　(A) 線型與文字型式

　　　(B) 視埠與視圖

　　　(C) 圖塊與圖層

　　　(D) 表格型式與標註型式

　　答案：ABCD

10-23. 欲同時選取好幾個圖層名稱多加上 WALL-，則 RENAME 更新名稱時，
　　　需輸入下列哪一項？

　　　(A) WALL-$

　　　(B) WALL-?

　　　(C) WALL-#

　　　(D) WALL-*

　　答案：D

10-24. 欲執行圖層轉換器，下列哪些操作正確？（**複選**）

　　　(A) 工具圖示是

　　　(B) 工具圖示是

　　　(C) 指令是 LAYTRANS

　　　(D) 指令是 LAYTRAN

　　答案：AC

10-25. 圖層轉換對映可以儲存成下列哪些檔案類型？（**複選**）

　　　(A) *.DWG

　　　(B) *.DWT

　　　(C) *.DXF

　　　(D) *.DWS

　　答案：AD

10-26. 關於圖層轉換對映的特性，下列哪些敘述正確？（**複選**）

　　　(A) 對映時，舊的圖層名稱可以複選

　　　(B) 對映時，新的圖層名稱可以複選

　　　(C) 轉換的新圖層來源檔案類型有三種：*.DWG、*.DXF、*.DWS

　　　(D) 轉換的新圖層來源檔案類型有三種：*.DWG、*.DWT、*.DWS

　　答案：AD

10-27. 圖層性質管理中，圖示 ✅ 的代表意義為下列哪一項？

　　　(A) 設為目前層

　　　(B) 開啟圖層

　　　(C) 解凍圖層

　　　(D) 選取圖層

　　答案：A

10-28. 圖層性質管理中，關於新群組篩選，下列哪些敘述正確？（**複選**）

　　　(A) 新建群組後，一開始右邊視窗是沒有任何圖層

　　　(B) 新建群組後，一開始右邊視窗會顯示所有圖層

　　　(C) 選取圖層可用「加入」的方式

　　　(D) 選取圖層可用「取代」的方式

　　答案：ACD

10-29. 圖層性質管理中，關於性質篩選與群組篩選，下列哪一項敘述正確？

(A) 只能群組篩選名稱轉換為性質篩選名稱

(B) 只能性質篩選名稱轉換為群組篩選名稱

(C) 性質篩選名稱與群組篩選名稱彼此可以雙向互轉

(D) 性質篩選名稱與群組篩選名稱彼此不可以互轉

答案：B

10-30. 圖層性質管理中，關於外部參考圖層，下列哪些敘述正確？（複選）

(A) 外部參考的圖層群組是自動產生的

(B) 外部參考的圖層群組是手動產生的

(C) 若有 3 張外部參考的圖檔，會自動形成 3 個子群組

(D) 若有 3 張外部參考的圖檔，不會個別形成子群組

答案：AC

10-31. 關於圖層性質管理中，下列哪些敘述正確？（複選）

(A) 圖層可以加上描述

(B) 群組可以加上描述

(C) 所有未使用中的圖層會自動形成一個群組

(D) 所有使用中的圖層會自動形成一個群組

答案：AD

10-32. 關於圖層性質管理中的描述，下列哪些敘述正確？（複選）

(A) 只有使用中的圖層可以加入描述

(B) 所有的圖層都可以加入描述

(C) 具名的圖層狀態可以加入描述

(D) 具名的群組篩選可以加入描述

答案：BC

4-1-11 第十一類：AutoCAD 插入物件與動態圖塊相關操作能力

> 本書範例題目內容為認證題型與命題方向之示範，正式測驗試題不以範例題目為限。

11-01. 關於 BLOCK 建立內部圖塊，下列哪些敘述正確？（**複選**）

(A) 沒有用的內部圖塊可用 PURGE 清除

(B) 沒有用的內部圖塊不會增加圖檔大小

(C) 內部圖塊可透過 INSERT 指令插入其他圖面

(D) 內部圖塊可透過工具選項板拖曳插入其他圖面

答案：AD

11-02. 圖塊建立時，選取後的物件有下列哪些處理方式？（**複選**）

(A) 保留

(B) 隱藏

(C) 轉換為圖塊

(D) 刪除

答案：ACD

11-03. 關於 0 層物件建立圖塊時的顏色影響，下列哪些敘述正確？（**複選**）

(A) 建立時若物件顏色為 Bylayer，則 INSERT 後顏色=所屬圖層顏色

(B) 建立時若物件顏色為 Byblock，則 INSERT 後顏色=CECOLOR 設定

(C) 建立時若物件顏色為 Bylayer，則可單獨變更圖塊顏色

(D) 建立時若物件顏色為 Byblock，則可單獨變更圖塊顏色

答案：ABD

11-04. 若圖塊建立時，圖塊單位設定為公分 cm，以設計中心拖曳到設定單位為公釐 mm 的圖面後，圖塊大小會發生下列哪一項情形？

(A) 自動放大十倍

(B) 自動縮小十倍

(C) 大小不變

(D) 無法控制

答案：A

11-05. WBLOCK 製作圖塊成檔案的來源有下列哪些？（**複選**）

　　(A) 圖塊

　　(B) 整個圖面

　　(C) 物件

　　(D) 局部範圍

　答案：ABC

11-06. WBLOCK 與 BLOCK 的差異，下列哪些敘述正確？（**複選**）

　　(A) BLOCK 建立同時可加入描述，WBLOCK 則無

　　(B) WBLOCK 建立同時可加入描述，BLOCK 則無

　　(C) BLOCK 只存在目前圖面中，而 WBLOCK 可寫成外部檔案

　　(D) BLOCK 建立時可同時指定超連結，WBLOCK 指令則無

　答案：ACD

11-07. WBLOCK 指令能寫出的檔案類型有下列哪些？（**複選**）

　　(A) *.DWG

　　(B) *.DWT

　　(C) *.DWS

　　(D) *.DXF

　答案：AD

11-08. INSERT 指令能插入的檔案類型有哪些？（**複選**）

　　(A) *.DWG

　　(B) *.DWT

　　(C) *.DXF

　　(D) *.DWS

　答案：AC

11-09. 關於 MINSERT 指令插入的圖塊陣列，下列哪些敘述正確？（**複選**）

(A) 各種狀況都無法分解

(B) 一列一行時可以分解

(C) 可用性質選項板調整列數與行數

(D) 可用性質選項板調整列距與行距

答案：BCD

11-10. 插入外部圖塊 ABC.DWG 時發生錯誤訊息「圖塊 ABC 自身參考」的原因為下列哪一項？

(A) 外部圖塊 ABC.DWG 內有一個同檔名圖層 ABC 定義

(B) 外部圖塊 ABC.DWG 內有一個同檔名內部圖塊 ABC 定義

(C) 外部圖塊 ABC.DWG 內有一個同檔名標註型式 ABC 定義

(D) 外部圖塊 ABC.DWG 內有一個同檔名的配置 ABC 定義

答案：B

11-11. 插入 XREF 外部參考時，路徑類型選項有下列哪些？（**複選**）

(A) 完整路徑

(B) 相對路徑

(C) 無路徑

(D) 參考路徑

答案：ABC

11-12. 插入 XREF 外部參考時，參考類型選項有下列哪些？（**複選**）

(A) 重疊

(B) 結合

(C) 貼附

(D) 覆疊

答案：CD

11-13. 外部參考框 FRAME 的預設值=0，其意義為下列哪一項？

　　　(A) 框不可見且不出圖

　　　(B) 顯示框並允許將其出圖

　　　(C) 顯示框，但不允許將其出圖

　　　(D) 目前圖面中所有參考底圖的個別設定各不相同

　　答案：A

11-14. 外部參考框 FRAME 的預設值=3，其意義為下列哪一項？

　　　(A) 框不可見且不出圖

　　　(B) 顯示框並允許將其出圖

　　　(C) 顯示框，但不允許將其出圖

　　　(D) 目前圖面中所有參考底圖的個別設定各不相同

　　答案：D

11-15. 如果執行 XREF 外部參考 DEMO.DWG 後，關於 DEMO 圖檔內的 STR 層，下列哪些敘述正確？（**複選**）

　　　(A) 圖層名稱會變成 DEMO|STR

　　　(B) 圖層名稱會變成 DEMO-STR

　　　(C) 該圖層可以更名

　　　(D) 該圖層可以關閉或凍結

　　答案：AD

11-16. 使用 XBIND 併入外部參考 DEMO.DWG 圖檔內的 TXT 層，下列哪一項敘述正確？

　　　(A) 圖層名稱會變成 DEMO$$$TXT

　　　(B) 圖層名稱會變成 DEMO$$TXT

　　　(C) 圖層名稱會變成 DEMO$TXT

　　　(D) 圖層名稱會變成 DEMO0TXT

　　答案：D

11-17. 欲截取外部參考的局部範圍，下列哪些指令或快捷鍵正確？（**複選**）

  (A) 指令是 CLIP

  (B) 指令是 XCLIP

  (C) 快捷鍵是 XR

  (D) 快捷鍵是 XC

 答案：ABD

11-18. 以「CLIP 截取外部參考/新建邊界」，截取的類型有下列哪些？（**複選**）

  (A) 選取聚合線 S

  (B) 多邊形 P

  (C) 矩形 R

  (D) 反轉截取 I

 答案：ABCD

11-19. 現地編輯外部參考，下列哪些敘述正確？（**複選**）

  (A) 指令是 XREFEDIT

  (B) 指令是 REFEDIT

  (C) 快速執行方式是左鍵快按該物件二下

  (D) 編輯後的原始外部參考圖檔內容不受影響

 答案：BC

11-20. 呼叫外部參考選項板的快捷鍵有下列哪些？（**複選**）

  (A) XR

  (B) XC

  (C) ER

  (D) IM

 答案：ACD

11-21. 外部參考選項板可貼附的檔案類型有下列哪些？（**複選**）

(A) *.DWG

(B) *.DWF

(C) *.DGN

(D) *.PDF

答案：ABCD

11-22. 外部參考選項板可貼附的雲點檔案類型有下列哪些？（**複選**）

(A) *.RCF

(B) *.RCP

(C) *.RCS

(D) *.RCT

答案：BC

11-23. 外部參考選項板可貼附的座標模型檔案類型有下列哪些？（**複選**）

(A) *.NWA

(B) *.NWB

(C) *.NWC

(D) *.NWD

答案：CD

11-24. 關於外部參考選項板，可顯示下列哪些貼附影像的資訊？（**複選**）

(A) 影像大小（像素）

(B) 影像的儲存路徑

(C) 影像的建立日期

(D) 影像的解析度

答案：ABD

11-25. 以「CLIP 截取影像/新建邊界」，截取的類型有下列哪些？（**複選**）

(A) 選取聚合線 S

(B) 多邊形 P

(C) 矩形 R

(D) 圓 C

答案：ABC

11-26. 影像調整 IMAGEADJUST 可調整的項目有下列哪些？（**複選**）

(A) 解析度

(B) 亮度

(C) 對比

(D) 濃淡

答案：BCD

11-27. SAVEIMG 可儲存的影像檔案類型有下列哪些？（**複選**）

(A) *.BMP

(B) *.JPG

(C) *.PNG

(D) *.TIF

答案：ABCD

11-28. 執行 BLOCK 指令操作時，下列哪些項目顯示於對話框畫面？（**複選**）

(A) 檔案名稱與路徑

(B) 允許分解

(C) 超連結

(D) 在圖塊編輯器中開啟

答案：BCD

11-29. 執行 WBLOCK 指令操作時，下列哪些項目顯示於對話框畫面？（**複選**）

(A) 檔案名稱與路徑

(B) 允許分解

(C) 插入單位

(D) 在圖塊編輯器中開啟

答案：AC

11-30. 控制貼附至圖面的*.DWF、*.DWFX、*.PDF 和*.DGN 參考底圖之幾何圖形的物件鎖點是否作用，是下列哪一項系統變數？

(A) UOSNAP

(B) VOSNAP

(C) WOSNAP

(D) XOSNAP

答案：A

11-31. 圖塊編輯器的指令或快捷鍵，下列哪些正確？（**複選**）

(A) 指令是 BEDIT

(B) 指令是 BLOCKEDIT

(C) 快捷鍵是 BE

(D) 快捷鍵是 BD

答案：AC

11-32. 圖塊編輯器指令的工具圖示，下列哪一項正確？

(A) 工具圖示是

(B) 工具圖示是

(C) 工具圖示是

(D) 工具圖示是

答案：B

4-1-12 第十二類：AutoCAD 尺寸標註設定能力

本書範例題目內容為認證題型與命題方向之示範，正式測驗試題不以範例題目為限。

12-01. 關於標註型式管理員指令，下列哪些正確？（**複選**）

(A) 指令是 DSTYLE

(B) 指令是 DIMSTYLE

(C) 快捷鍵是 D

(D) 快捷鍵是 DS

答案：BC

12-02. 標註型式管理員中若由 ISO-25 執行新建標註型式，下列哪些敘述正確？（**複選**）

(A) 若選擇用於「所有標註」，則型式名稱可以自訂

(B) 若選擇非用於「所有標註」，則型式名稱無法自訂

(C) 若選擇用於「所有標註」，則表示為 ISO-25 的子型式

(D) 若選擇非用於「所有標註」，則表示為 ISO-25 的子型式

答案：ABD

12-03. 關於標註型式的「符號與箭頭」設定項目，下列哪些敘述正確？（**複選**）

(A) 可控制選擇中心標記

(B) 可控制延伸線長度是否固定

(C) 可控制標註切斷的切斷大小

(D) 可控制弧長符號的位置

答案：ACD

12-04. 關於標註型式的「文字」設定項目，下列哪些敘述正確？（**複選**）

(A) 可設定文字的顏色與高度

(B) 文字對齊方式有 3 種選項

(C) 可控制是否繪製文字框

(D) 可控制文字是否加頂線或底線

答案：ABC

12-05. 關於標註型式的「填入」設定項目，下列哪些敘述正確？（**複選**）

(A) 可控制整體標註比例

(B) 可控制是否依配置調整標註比例

(C) 可控制是否手動放置文字

(D) 可控制標註比例是否可註解

答案：ABCD

12-06. 關於標註型式的「主要單位」設定項目，下列哪些敘述正確？（**複選**）

(A) 可控制線性標註的單位格式、精確度、小數分隔符號

(B) 可控制線性標註的測量比例係數

(C) 可設定線性標註的替用單位

(D) 可控制角度標註的單位格式、精確度、零抑制

答案：ABD

12-07. 關於標註型式的「公差/方式」設定項目，會顯示 $^{+0.25}_{-0.35}$ 為下列哪一項？

(A) 對稱

(B) 偏差

(C) 上下限

(D) 基本

答案：B

12-08. 關於智慧標註 DIM 指令懸停於圓，除直徑標註外，還出現下列哪些標註？

（**複選**）

(A) 半徑

(B) 轉折

(C) 角度

(D) 中心標記

答案：ABCD

12-09. 關於智慧標註 DIM 指令懸停於弧,除半徑標註外,還出現下列哪些標註?
（**複選**）

(A) 直徑

(B) 轉折

(C) 弦長

(D) 弧長

答案：ABD

12-10. 關於智慧標註 DIM 指令分別選取不平行的兩條線,則自動的標註項目為下列哪一項?

(A) 線性標註

(B) 對齊式標註

(C) 基線式標註

(D) 角度標註

答案：D

12-11. 關於智慧標註 DIM 指令的圖層設定,下列哪些敘述正確?（**複選**）

(A) 可輸入圖層名稱

(B) 可選取物件來指定圖層

(C) 可使用目前的設定圖層

(D) 輸入「*」號,表示使用目前的設定圖層

答案：ABC

12-12. 關於智慧標註 DIM 指令的分散標註,設定方法有幾種?

(A) 2

(B) 3

(C) 4

(D) 5

答案：A

12-13. 欲標註一條斜線的水平尺寸值，最佳的方法應該於 DIMLINEAR 指令下達後執行下列哪一項操作？

(A) 直接碰選該線

(B) 直接抓取線的二個端點

(C) 先按下[Enter]後，再碰選該線

(D) 直接[Ctrl]+碰選該線

答案：C

12-14. 線性標註除標註垂直與水平外，欲指定標註線的角度，需輸入下列哪一項快捷鍵？

(A) A

(B) R

(C) O

(D) S

答案：B

12-15. 角度標註，可碰選的物件包括下列哪些？（**複選**）

(A) 弧 ARC

(B) 圓 CIRCLE

(C) 線 LINE

(D) 雲形線 SPLINE

答案：ABC

12-16. 欲標註一個弧的弦長，最佳的指令為下列哪一項？

(A) DIMLINEAR

(B) DIMALIGNED

(C) DIMANGULAR

(D) DIMARC

答案：B

12-17. 關於執行座標式標註，下列哪些敘述正確？（**複選**）

(A) 標註前需先以 UCS 指令改變原點座標

(B) 標註後需先以 UCS 指令返回世界座標系統 WCS

(C) 標註完一組後，若搭配連續式標註，效率可大大提升

(D) 標註完一組後，若搭配基線式標註，效率可大大提升

答案：ABCD

12-18. 可搭配基線式標註的標註有下列哪些？（**複選**）

(A) 線性標註

(B) 對齊式標註

(C) 角度標註

(D) 半徑或直徑標註

答案：ABC

12-19. 關於連續式標註，下列哪些敘述正確？（**複選**）

(A) 快捷鍵是 DCO

(B) 快捷鍵是 DCT

(C) 重新選取連續式標註的副選項是 S

(D) 重新選取連續式標註的副選項是 R

答案：AC

12-20. 快速標註 可以選擇建立下列哪些標註類型？（**複選**）

(A) 一系列連續式標註

(B) 一系列基線式標註

(C) 一系列座標式標註

(D) 一系列直徑標註

答案：ABCD

12-21. 快速標註 執行中，若輸入選項 E 的情況，下列哪些敘述正確？（**複選**）

(A) 加入標註點

(B) 移除標註點

(C) 設定標註優先權為端點或交點

(D) 設定標註的圖層

答案：AB

12-22. 關於編輯標註指令，下列哪些敘述正確？（**複選**）

(A) 指令是 DIMTEDIT

(B) 指令是 DIMEDIT

(C) 可控制的編輯標註類型有四種：歸位、新值、旋轉、傾斜

(D) 可控制的編輯標註類型有五種：歸位、新值、旋轉、傾斜、切斷

答案：BC

12-23. 關於編輯標註文字指令，下列哪些敘述正確？（**複選**）

(A) 指令是 DIMTEDIT

(B) 指令是 DIMEDIT

(C) 可同時選取多組標註進行編輯標註文字

(D) 不可同時選取多組標註進行編輯標註文字

答案：AD

12-24. 「碰選標註物件/按滑鼠右鍵/快顯功能表」能調整下列哪些標註項目？（**複選**）

(A) 標註文字位置

(B) 精確度

(C) 標註型式

(D) 翻轉箭頭

答案：BC

12-25. 關於線性或對齊式標註,「碰選標註物件/滑鼠懸停於文字掣點/快顯功能表」能調整下列哪些標註項目?(**複選**)

(A) 拉伸

(B) 僅移動文字

(C) 隨標註線移動

(D) 隨引線移動

答案:ABCD

12-26. 關於線性或對齊式標註,「碰選標註物件/滑鼠懸停於箭頭掣點/快顯功能表」能調整下列哪些標註項目?(**複選**)

(A) 拉伸

(B) 連續式標註

(C) 基線式標註

(D) 翻轉

答案:ABCD

12-27. 關於「標註/弧長」的指令,下列哪一項正確?

(A) DIMARC

(B) DIMARCLONG

(C) ARCLENGTH

(D) DIMARCLEN

答案:A

12-28. 關於「標註/弧長」的符號設定,下列哪些敘述正確?(**複選**)

(A) 可設定不同的顏色

(B) 可設定不顯示

(C) 可設定放至於文字的上方或前方

(D) 可設定放至於文字的上方、下方、前方、後方

答案:BC

12-29. 關於「標註/半徑轉折」的指令，下列哪一項正確？

(A) DIMJOG

(B) DIMJOGED

(C) DIMJOGGED

(D) DIMJOGRAD

答案：C

12-30. 關於「標註/轉折」的角度有效範圍，下列哪一項正確？

(A) 0~90 度

(B) 5~90 度

(C) 10~90 度

(D) 20~90 度

答案：B

12-31. 關於標註空間 DIMSPACE 的敘述，下列哪些正確？（**複選**）

(A) 間距值不可以為 0

(B) 間距值可以為 0

(C) 間距值可以為負數

(D) 間距值不可為負數

答案：BD

12-32. 關於標註切斷 DIMBREAK，除選取物件切斷標註外，還有下列哪些操作？

（**複選**）

(A) 自動 A

(B) 手動 M

(C) 移除 R

(D) 退回 U

答案：ABC

4-1-13 第十三類：AutoCAD 配置與出圖設定能力

> 本書範例題目內容為認證題型與命題方向之示範，正式測驗試題不以範例題目為限。

13-01. 在模型空間與圖紙空間作視埠分割，下列哪些敘述正確？（**複選**）

　　　(A) 模型空間的視埠分割可建立具名的視埠，配置空間不行

　　　(B) 配置空間的視埠分割可建立具名的視埠，模型空間不行

　　　(C) 模型空間的視埠之間可以建立間距，配置空間不行

　　　(D) 配置空間的視埠之間可以建立間距，模型空間不行

　　答案：AD

13-02. 在配置頁籤按滑鼠右鍵，可執行下列哪些操作？（**複選**）

　　　(A) 匯出配置

　　　(B) 頁面設置管理員

　　　(C) 將配置匯出至模型

　　　(D) 出圖

　　答案：BCD

13-03. 關於在模型空間繪製主體圖形，下列哪一項敘述錯誤？

　　　(A) 可用公釐 mm 為繪圖單位，1:1 依實際尺寸繪製

　　　(B) 可用公分 cm 為繪圖單位，1:1 依實際尺寸繪製

　　　(C) 可用公尺 m 為繪圖單位，1:1 依實際尺寸繪製

　　　(D) 依照所需的比例尺先將尺寸換算後再行繪製到圖面中

　　答案：D

13-04. 關於圖紙空間中轉換物件為視埠，下列哪些敘述正確？（**複選**）

　　　(A) 可以建立矩形的視埠

　　　(B) 可以建立封閉不規則多邊形的視埠

　　　(C) 可以建立圓形的視埠

　　　(D) 可以建立橢圓形的視埠

　　答案：ABCD

13-05. 在公制的繪圖中，關於圖框的正確處理，下列哪一項敘述正確？

(A) 應該用公釐 mm 為圖框繪製單位建立圖塊，依比例尺調整大小插入於模型空間

(B) 應該用公釐 mm 為圖框繪製單位建立圖塊，1:1 插入於圖紙空間

(C) 應該用公分 cm 為圖框繪製單位建立圖塊，依比例尺調整大小插入於模型空間

(D) 應該用公分 cm 為圖框繪製單位建立圖塊，1:1 插入於圖紙空間

答案：B

13-06. 欲鎖住圖紙空間的視埠，下列哪些操作可完成？（**複選**）

(A) 左鍵快按二下視埠

(B) 「碰選視埠/快速性質選項板」

(C) 「碰選視埠/指令區下方的狀態列」

(D) 「碰選視埠/快顯功能表」

答案：BCD

13-07. 被鎖住的視埠，下列哪些指令不能在其浮動模型空間內作用？（**複選**）

(A) TRIM

(B) ZOOM

(C) PAN

(D) MTEXT

答案：BC

13-08. 切換至新配置後會自動建立一個視埠，欲取消此狀況，需到下列哪一項取消？

(A) 「選項/出圖」

(B) 「選項/使用者偏好」

(C) 「選項/顯示」

(D) 「選項/系統」

答案：C

13-09. 關於配置的特性，下列哪些敘述正確？（**複選**）

(A) 配置中分為圖紙空間與視埠空間（浮動模型空間）

(B) 配置可以用 AutoCAD 設計中心拖曳與複製到其他圖面

(C) 配置可以用右鍵直接拖曳改變位置

(D) 配置可以用左鍵直接拖曳改變位置

答案：ABD

13-10. 欲建立新配置與建立 3 列 5 行間距皆為 2 的視埠陣列，下列哪些指令正確？（**複選**）

(A) VPORTS

(B) MVSETUP

(C) LAYOUTWIZARD

(D) PAGESETUP

答案：BC

13-11. 關於 PAGESETUP 頁面設置的特性，下列哪些敘述正確？（**複選**）

(A) 每個配置都可以設定不同的頁面設置

(B) 頁面設置可用 AutoCAD 設計中心拖曳與複製到其他圖面

(C) 頁面設置可以匯出成*.PSP 檔案以方便匯入

(D) 頁面設置應該建立於樣板檔內，才不用每次重新建立

答案：AD

13-12. 關於 PSETUPIN 頁面設置的匯入，可從下列哪些檔案類型中執行匯入？（**複選**）

(A) *.DWG

(B) *.DWT

(C) *.DXF

(D) *.DWS

答案：ABC

13-13. 出圖時，預設的 PC3 繪圖機規劃檔有下列哪些？（**複選**）

(A) DWF6 ePlot.pc3

(B) PublishToWeb JPG.pc3

(C) PublishToWeb PNG.pc3

(D) DWG To PDF.pc3

答案： ABCD

13-14. 關於出圖型式表中與顏色相關的敘述，下列哪些正確？（**複選**）

(A) 檔案類型是*.STB

(B) 檔案類型是*.CTB

(C) 可建立 255 個的出圖型式設定

(D) 可建立全彩數量的出圖型式設定

答案： BC

13-15. 關於具名的出圖型式表，下列哪些敘述正確？（**複選**）

(A) 檔案類型是*.STB

(B) 檔案類型是*.CTB

(C) 同一顏色的物件，可以指定不同設定的具名型式

(D) 同一顏色的物件，只能指定相同設定的具名型式

答案： AC

13-16. 與顏色相關的出圖型式表中，預設的彩色與黑白的檔案為下列哪些？

（**複選**）

(A) 彩色是 acad.ctb

(B) 彩色是 color.ctb

(C) 黑白是 black.ctb

(D) 黑白是 monochrome.ctb

答案： AD

13-17. 關於頁面設置中的顯示出圖型式開啓，下列哪些敘述正確？（**複選**）

    (A) 只適用於模型標籤

    (B) 只適用於配置標籤

    (C) 若選擇的是 acad.ctb，則配置顯示物件維持原物件顏色不變

    (D) 若選擇的是 monochrome.ctb，則配置顯示物件會黑白分明

答案：BCD

13-18. 出圖戳記預設的欄位有下列哪些？（**複選**）

    (A) 圖檔名稱

    (B) 日期與時間

    (C) 出圖設備名稱

    (D) 圖檔大小

答案：ABC

13-19. 出圖戳記參數檔的檔案類型為下列哪一項？

    (A) *.PSP

    (B) *.PST

    (C) *.PAT

    (D) *.PSS

答案：D

13-20. DWG To PDF.pc3 的性質「自訂性質畫面」，預設的點陣式影像品質為下列哪一項？

    (A) 200 dpi

    (B) 400 dpi

    (C) 512 dpi

    (D) 1024 dpi

答案：B

13-21. 一般的繪圖機，若選擇出圖到檔案，則會輸出成下列哪一項檔案類型？

(A) *.DWF

(B) *.PLG

(C) *.PLT

(D) *.PDF

答案：C

13-22. PLOT 出圖功能設定能調整下列哪些選項？（**複選**）

(A) 出圖戳記

(B) 在背景出圖

(C) 上下顛倒出圖

(D) 左右相反出圖

答案：ABC

13-23. PLOT 出圖與 PUBLISH 發佈後，能檢視詳細資料訊息的指令為下列哪一項？

(A) SHOWPLOTDETAILS

(B) VIEWPLOTDETAILS

(C) DISPLAYPLOTDETAILS

(D) CHECKPLOTDETAILS

答案：B

13-24. 關於 PUBLISH 批次出圖功能，下列哪些敘述正確？（**複選**）

(A) 可發佈至多圖紙 *.DWF

(B) 可發佈至多圖紙 *.DWFX

(C) 可發佈至多圖紙 *.PDF

(D) 可發佈至多圖紙 *.JPG

答案：ABC

13-25. 關於 PUBLISH 批次出圖功能之發佈選項設定，下列哪些敘述正確？（**複選**）

(A) 可設定多圖紙檔案或單一圖紙檔案

(B) 可設定加密碼保護

(C) 可設定包含圖塊資訊

(D) 可設定包含圖層資訊

答案：ACD

13-26. 關於 PUBLISH 批次出圖載入圖紙清單，可接受下列哪些檔案類型？（**複選**）

(A) *.BP2

(B) *.BP3

(C) *.DSD

(D) *.PSP

答案：BC

13-27. 「選項 OPTIONS/出圖與發佈」，出圖偏移量可設定相對於下列哪些原點？
（**複選**）

(A) 實際範圍

(B) 可列印區域

(C) 圖紙邊

(D) 模型邊

答案：BC

13-28. 欲編輯比例清單，下列哪些操作正確？（**複選**）

(A) 指令是 EDITSCALELIST

(B) 指令是 SCALELISTEDIT

(C) 「選項/出圖與發佈」

(D) 「選項/使用者偏好」

答案：BD

4-1-14 第十四類：AutoCAD 重要變數設定能力

本書範例題目內容為認證題型與命題方向之示範，正式測驗試題不以範例題目為限。

14-01. 欲查詢與瀏覽所有的 AutoCAD 系統變數，下列哪些操作可完成？(**複選**)

(A) 「[F1]/系統變數」

(B) 「YSVAR/ALL」

(C) 「SETVAR/?/*」

(D) 「SETVAR/*/?」

答案：AC

14-02. 欲查詢與瀏覽所有與尺寸標註相關的系統變數，下列哪一項操作可完成？

(A) 「SETVAR/DIM*」

(B) 「SETVAR/DIM?」

(C) 「SETVAR/?/DIM*」

(D) 「SETVAR/*/DIM*」

答案：C

14-03. 控制傳統的下拉式功能表顯示或隱藏的系統變數為下列哪一項？

(A) DISPLAYBAR

(B) POPUPBAR

(C) TOOLBAR

(D) MENUBAR

答案：D

14-04. 另存新檔時沒有出現對話框，只能由指令區進行操作，下列哪一項設定可恢復正常？

(A) 設定 FILEDIA=0

(B) 設定 FILEDIA=1

(C) 設定 CMDDIA=0

(D) 設定 CMDDIA=1

答案：B

14-05. 控制呼叫外部檔案時是否以對話框方式出現的系統變數為下列哪一項？

(A) FILEDIA

(B) CMDDIA

(C) ATTDIA

(D) OPENDIA

答案：A

14-06. 設定與記錄目前圖層的系統變數為下列哪一項？

(A) ALAYER

(B) BLAYER

(C) CLAYER

(D) CELAYER

答案：C

14-07. 控制圖面在 Windows 工作列上的顯示方式的系統變數為下列哪一項？

(A) WINDOWSBAR

(B) TASKBAR

(C) WORKBAR

(D) DISPLAYBAR

答案：B

14-08. 儲存 AutoCAD 版本的系統變數為下列哪一項？

(A) ACADSN

(B) ACADNUM

(C) ACADNO

(D) ACADVER

答案：D

14-09. 關於系統變數的敘述，下列哪些正確？（**複選**）

　　(A) DWGFILE 記錄目前的圖檔名

　　(B) DWGNAME 記錄目前的圖檔名

　　(C) DWGPATH 記錄目前圖檔的磁碟與路徑

　　(D) DWGPREFIX 記錄目前圖檔的磁碟與路徑

　答案：BD

14-10. 設定與記錄自動儲存時間的系統變數為下列哪一項？

　　(A) TIME

　　(B) CDATE

　　(C) SAVETIME

　　(D) AUTOSAVE

　答案：C

14-11. 設定與記錄鎖點框大小的系統變數為下列哪一項？

　　(A) APERTURE

　　(B) PICKBOX

　　(C) GRIPSIZE

　　(D) APBOX

　答案：A

14-12. 設定與記錄選取框大小的系統變數為下列哪一項？

　　(A) APERTURE

　　(B) PICKBOX

　　(C) GRIPSIZE

　　(D) APBOX

　答案：B

14-13. 設定與記錄掣點大小的系統變數為下列哪一項？

    (A) GPSIZE

    (B) GSIZE

    (C) GRIPSIZE

    (D) GRSIZE

    答案：C

14-14. 編輯操作選取物件後，控制物件能被亮顯，下列哪一項設定正確？

    (A) BLIPMODE=0

    (B) BLIPMODE=1

    (C) HIGHLIGHT=0

    (D) HIGHLIGHT=1

    答案：D

14-15. 控制文字成為快速方框顯示模式，下列哪一項設定正確？

    (A) QTEXTMODE=0

    (B) QTEXTMODE=1

    (C) TXTMODE=0

    (D) TXTMODE=1

    答案：B

14-16. 控制有寬度的聚合線與漸層填充線為非填滿模式，下列哪一項設定正確？

    (A) FILLMODE-0

    (B) FILLMODE=1

    (C) FILLTYPE=0

    (D) FILLTYPE=1

    答案：A

14-17. 控制鏡射指令時文字不會跟著被鏡射，下列哪一項設定正確？

(A) TEXTMIRR=1

(B) MIRRTEXT=1

(C) TEXTMIRR=0

(D) MIRRTEXT=0

答案：D

14-18. 設定 POINT 點型式，下列哪些設定正確？（**複選**）

(A)「功能面板/公用程式/點型式」

(B)「功能面板/格式/點型式」

(C) 系統變數是 PDMODE

(D) 系統變數是 PSMODE

答案：AC

14-19. 控制橢圓是否以 POLYLINE 或 ELLIPSE 物件構成的系統變數為下列哪一項？

(A) PLINETYPE

(B) ELLIPSETYPE

(C) ELLIPSEMODE

(D) PELLIPSE

答案：D

14-20. 預設聚合線的寬度的系統變數為下列哪一項？

(A) PWID

(B) PWIDTH

(C) PLINEWID

(D) PLINEWIDTH

答案：C

14-21. TrueType 字體在圖面中是填實的，但在出圖時便成空心，下列哪一項設定正確？

(A) TEXTFILL=0

(B) TEXTFILL=1

(C) FILLMODE=0

(D) FILLMODE=1

答案：A

14-22. 控制編輯聚合線時，可以略過要將它轉成一條聚合線提示的系統變數為下列哪一項？

(A) PEDITACCEPT

(B) PEDITTYPE

(C) PEDITANSWER

(D) PEDITMODE

答案：A

14-23. 控制十字游標角度的系統變數為下列哪一項？

(A) SNAPANG

(B) SNAPANGLE

(C) CURSORANG

(D) CURSORANGLE

答案：A

14-24. 預設文字字高的系統變數為下列哪一項？

(A) TXTSIZE

(B) TXTHEIGHT

(C) TEXTSIZE

(D) TEXTHEIGHT

答案：C

14-25. 操作滑鼠中間滾輪前後滾動時，調整縮放滾動倍率的系統變數為下列哪一項？

(A) ZOOMSCALE

(B) ZOOMFACTOR

(C) ZOOMWHEEL

(D) ZOOMTYPE

答案：B

14-26. 操作滑鼠中間滾輪前後滾動時，切換縮放方向的系統變數為下列哪一項？

(A) ZOOMTYPE

(B) ZOOMSIDE

(C) ZOOMWHEEL

(D) ZOOMFACTOR

答案：C

14-27. 設定與記錄目前的（模型或配置）標籤的系統變數為下列哪一項？

(A) CLAB

(B) CMODE

(C) CLAYOUT

(D) CTAB

答案：D

14-28. 控制執行指令前，可以先選取後執行的系統變數為下列哪一項？

(A) PICKADD

(B) PICKBOX

(C) PICKFIRST

(D) PICKMODE

答案：C

4-1-15　第十五類：設計中心、工具選項板、性質設定能力

> 本書範例題目內容為認證題型與命題方向之示範，正式測驗試題不以範例題目為限。

15-01. 欲啟動設計中心，下列哪些操作正確？（**複選**）

　　(A) 工具圖示是 ▦

　　(B) 工具圖示是 ▣

　　(C) 功能鍵開關是[Ctrl]+[2]

　　(D) 功能鍵開關是[Ctrl]+[F2]

　　答案：AC

15-02. 以設計中心展開某一圖檔後，可展開的具名物件共有幾項？

　　(A) 9

　　(B) 10

　　(C) 11

　　(D) 12

　　答案：D

15-03. 以設計中心展開某一圖檔後，有下列哪些具名物件？（**複選**）

　　(A) 文字型式、表格型式與標註型式

　　(B) 配置、外部參考

　　(C) 線型、多重引線型式

　　(D) 圖層、圖塊

　　答案：ABCD

15-04. 使用設計中心可將下列哪些物件拖曳到工具選項板？（**複選**）

　　(A) 圖塊

　　(B) 字型

　　(C) 影像

　　(D) 填充線

　　答案：ACD

15-05. 使用設計中心可以載入下列哪些檔案類型？（**複選**）

(A) *.DWG

(B) *.BMP 與 *.JPG

(C) *.PAT

(D) *.DXF

答案：ABCD

15-06. 關於操作設計中心建立工具選項板，下列哪些敘述正確？（**複選**）

(A) 可以將一個資料夾按滑鼠右鍵建立工具選項板

(B) 可以將一個 *.LIN 線型檔按滑鼠右鍵建立工具選項板

(C) 可以將一個 *.DWG 圖檔按滑鼠右鍵建立工具選項板

(D) 可以將一個 *.PAT 填充線樣式檔按滑鼠右鍵建立工具選項板

答案：ACD

15-07. 關於設計中心板面的顯示與開關控制，下列哪些敘述正確？（**複選**）

(A) 可控制透明度

(B) 可控制是否錨定於左側或右側

(C) 可控制是否錨定於上方或下方

(D) 可控制是否自動隱藏

答案：BD

15-08. 在設計中心右邊視窗中選取一個圖檔後，可以做下列哪些處理與應用？

（**複選**）

(A) 插入為圖塊

(B) 貼附為外部參考

(C) 在應用程式視窗中開啟

(D) 建立工具選項板

答案：ABCD

15-09. 關於設計中心的搜尋功能，下列哪些敘述正確？（**複選**）

(A) 可搜尋含有某一文字型式的所有圖檔

(B) 可搜尋含有某一圖層的所有圖檔

(C) 可搜尋含有某一圖塊的所有圖檔

(D) 可搜尋含有某一視圖的所有圖檔

答案：ABC

15-10. 設計中心的描述功能，若選取影像檔會出現下列哪些資訊？（**複選**）

(A) 路徑

(B) 檔案大小

(C) 檔案類型

(D) 解析度

答案：ABCD

15-11. 關於設計中心的描述功能，若選取圖塊時，下列哪些敘述正確？（**複選**）

(A) 會出現該圖塊於 BLOCK 建立時所加入的描述

(B) 若該圖塊建立時沒有描述，則會出現「找不到任何描述」

(C) 可於設計中心內加入圖塊的描述

(D) 可於設計中心內修改圖塊的描述

答案：AB

15-12. 關於設計中心的左鍵拖曳圖檔，下列哪些敘述正確？（**複選**）

(A) 直接左鍵拖曳到繪圖區內，還會詢問比例與旋轉角度

(B) 直接左鍵拖曳到指令區內，則可自動開啟該圖檔

(C) 若以[Ctrl]+左鍵拖曳，則不管繪圖區內或外皆自動開啟該圖檔

(D) 若以[Shift]+左鍵拖曳，則不管繪圖區內或外皆自動開啟該圖檔

答案：ABC

15-13. 關於設計中心的圖層處理，下列哪些敘述正確？（**複選**）

    (A) 直接左鍵選取數個圖層拖曳到圖面中，即可自動加入

    (B) 直接左鍵快按二下該圖層，即可自動加入

    (C) 直接選取數個圖層，按下滑鼠右鍵再選取「加入圖層」，即可加入

    (D) 若加入的圖層在該圖面已存在，則重複的定義將被忽略

  答案：ABCD

15-14. 關於設計中心的配置處理，下列哪些敘述正確？（**複選**）

    (A) 同時可以選取數個配置拖曳或複製到圖面中

    (B) 一次只能選取一個配置拖曳或複製到圖面中

    (C) 配置中若本來對應的「頁面設置」會一併被拖曳進來圖面中

    (D) 配置中若本來對應的「頁面設置」不會一併被拖曳進來圖面中

  答案：AC

15-15. 關於啟動工具選項板，下列哪些操作正確？（**複選**）

    (A) 工具圖示是

    (B) 工具圖示是

    (C) 功能鍵開關是[Ctrl]+[2]

    (D) 功能鍵開關是[Ctrl]+[3]

  答案：BD

15-16. 關於工具選項板板面的顯示與開關控制，下列哪些敘述正確？（**複選**）

    (A) 可控制透明度

    (B) 可控制是否錨定於左側或右側

    (C) 可控制是否自動隱藏

    (D) 可控制是否更名

  答案：ABCD

15-17. 可以從圖面中拖曳下列哪些物件到工具選項板內？（**複選**）

(A) 圖塊與填充線

(B) 影像

(C) 表格

(D) 標註

答案：ABCD

15-18. 工具選項板可匯出成下列哪一項檔案類型？

(A) *.XPT

(B) *.XTP

(C) *.XPP

(D) *.XTT

答案：B

15-19. 欲新建工具選項板，下列哪些敘述正確？（**複選**）

(A) 可以直接在工具選項板內新建

(B) 可以直接在設計中心內新建

(C) 可以直接在 CUSTOMIZE 工具選項板內新建

(D) 可以直接在 OPTIONS 選項內新建

答案：ABC

15-20. 關於工具選項板將圖塊拖曳複製到圖面，下列哪些敘述正確？（**複選**）

(A) 可以用左鍵拖曳

(B) 可以用右鍵拖曳

(C) 可以用左鍵按選一下圖示後，指定插入點

(D) 可以用右鍵按選一下圖示後，指定插入點

答案：AC

15-21. 關於工具選項板拖曳項目到圖面的圖層特性，下列哪一項敘述正確？

(A) 若性質設定的圖層不存在該圖面，將自動放置於 0 層

(B) 若性質設定的圖層不存在該圖面，將會出現錯誤警告並取消動作

(C) 若性質設定的圖層不存在該圖面，將會自動建立該圖層

(D) 若性質設定的圖層不存在該圖面，將詢問是否建立該圖層

答案：C

15-22. 關於工具選項板的檢視選項，共有幾種檢視型式？

(A) 2

(B) 3

(C) 4

(D) 5

答案：B

15-23. 關於工具選項板的特性，下列哪些敘述正確？（**複選**）

(A) 同一個工具選項板可以同時存放在不同的選項板群組中

(B) 同一個工具選項板不可同時存放在不同的選項板群組中

(C) 按[Shift]可以防止「工具選項板」視窗在移動時固定

(D) 按[Ctrl]可以防止「工具選項板」視窗在移動時固定

答案：AD

15-24. 工具選項板中圖塊的性質設定，下列哪些項目可以預先設定？（**複選**）

(A) 是否分解

(B) 圖層

(C) 插入點

(D) 比例

答案：ABD

15-25. 工具選項板中填充線的性質設定，下列哪些項目可以預先設定？（**複選**）

(A) 樣式名稱

(B) 圖層

(C) 線型

(D) 是否分解

答案：ABC

15-26. 關於工具選項板的拖曳物件，下列哪些敘述正確？（**複選**）

(A) 可拖曳的物件只有填充線與圖塊

(B) 可拖曳的物件不只填充線與圖塊

(C) 可以從設計中心直接拖曳到工具選項板建立工具

(D) 可以從圖面中的物件拖曳到工具選項板建立工具

答案：BCD

15-27. 關於工具選項板的拖曳功能特性，下列哪些敘述正確？（**複選**）

(A) 可以在 CUSTOMIZE 指令執行時，從工具列拖曳功能到選項板

(B) 可以在 CUSTOMIZE 指令執行時，從功能面板拖曳功能到選項板

(C) 可以在 CUI 指令執行時，從指令清單拖曳功能到選項板

(D) 可以在 CUI 指令執行時，從工具列拖曳功能到選項板

答案：ACD

15-28. 關於工具選項板的工具選項板群組，下列哪些敘述正確？（**複選**）

(A) 具名的選項板群組可以再建立好幾層的子群組

(B) 具名的選項板群組無法再建立子群組

(C) 同一個工具選項板可以同時存放在不同的選項板群組中

(D) 同一個工具選項板不可同時存放在不同的選項板群組中

答案：AC

4-1-16 第十六類：Express Tools 增強工具操作能力

本書範例題目內容為認證題型與命題方向之示範，正式測驗試題不以範例題目為限。

16-01. 關於 AutoCAD Express Tools 安裝，下列哪些敘述正確？（**複選**）

(A) 安裝 AutoCAD 的同時，會自動安裝 AutoCAD Express Tools

(B) 安裝 AutoCAD 的同時，可控制是否安裝 AutoCAD Express Tools

(C) AutoCAD Express Tools 只提供英文版本

(D) 必須先安裝 AutoCAD 才能安裝 AutoCAD Express Tools

答案：BCD

16-02. 在 AutoCAD 環境中，欲釋放 AutoCAD Express Tools，下列哪些指令正確？（**複選**）

(A) CUILOAD

(B) MENULOAD

(C) DELEXPRESS

(D) UNEXPRESS

答案：AB

16-03. 釋放後的 AutoCAD Express Tools 欲重新載入，下列哪些指令正確？（**複選**）

(A) CUILOAD

(B) MENULOAD

(C) EXPRESSADD

(D) EXPRESSTOOLS

答案：ABD

16-04. AutoCAD Express Tools 功能中能將圖面中圖塊替換的指令為下列哪一項？

(A) BLOCKREPLACE

(B) BLOCKREDEFINE

(C) BLOCKCHANGE

(D) BLOCKRENEW

答案：A

16-05. AutoCAD Express Tools 功能中能將文字分佈於弧的指令為下列哪一項？

　　(A) ARCTXT

　　(B) ARCTEXT

　　(C) TXTARC

　　(D) TEXTARC

　　答案：B

16-06. AutoCAD Express Tools 功能中能將文字分解的指令為下列哪一項？

　　(A) TXTEXP

　　(B) TEXTEXP

　　(C) EXPTXT

　　(D) EXPTEXT

　　答案：A

16-07. AutoCAD Express Tools 功能中能將單行文字轉多行文字的指令為下列哪一項？

　　(A) MTEXTTOOLS

　　(B) CONVERTMTEXT

　　(C) TEXT2MTEXT

　　(D) TXT2MTXT

　　答案：D

16-08. AutoCAD Express Tools 功能中能將文字轉換大小寫的指令為下列哪一項？

　　(A) TEXTCASE

　　(B) TXTCASE

　　(C) TCASE

　　(D) SHOWCASE

　　答案：C

16-09. AutoCAD Express Tools 功能中能將文字遮罩的指令為下列哪一項？

> (A) TEXTBOX
>
> (B) TEXTHIDE
>
> (C) TEXTMASK
>
> (D) TEXTWIPE
>
> 答案：C

16-10. AutoCAD Express Tools 功能中能將文字遮罩取消的指令為下列哪一項？

> (A) TEXTUNMASK
>
> (B) TEXTUNHIDE
>
> (C) TEXTUNBOX
>
> (D) TEXTUNWIPE
>
> 答案：A

16-11. AutoCAD Express Tools 功能中能將文字佈滿在二點之間的指令為下列哪一項？

> (A) TEXTFAT
>
> (B) TEXTFIT
>
> (C) TEXTF2P
>
> (D) TEXTFTP
>
> 答案：B

16-12. AutoCAD Express Tools 功能中能將文字外加圓、槽、矩形框的指令為下列哪一項？

> (A) TSLOT
>
> (B) TRECTANG
>
> (C) TCIRCLE
>
> (D) TPOLY
>
> 答案：C

16-13. AutoCAD Express Tools 功能中兼具移動複製旋轉比例的指令為下列哪一項？

(A) MOCORO

(B) MOCOROSC

(C) SUPERFIX

(D) SUPEREDIT

答案：A

16-14. AutoCAD Express Tools 功能中能用圓、弧、文字當邊界截取影像或外部參考的指令為下列哪一項？

(A) MCLIP

(B) XCLIPLUS

(C) SUPERCLIPIT

(D) CLIPIT

答案：D

16-15. AutoCAD Express Tools 功能中繪製切斷符號的指令為下列哪一項？

(A) SUPERBREAK

(B) BREAKLINE

(C) SHOWBREAK

(D) BREAKSYMB

答案：B

16-16. AutoCAD Express Tools 功能中超強的填充線的指令為下列哪一項？

(A) SHATCH

(B) SUPHATCH

(C) SUPERHATCH

(D) SUPERBHATCH

答案：C

16-17. AutoCAD Express Tools 功能中 SUPERHATCH 能用的樣式物件為下列哪些？（**複選**）

(A) IMAGE

(B) BLOCK

(C) WIPEOUT

(D) TEXT

答案：ABC

16-18. AutoCAD Express Tools 功能中能匯出標註型式為 DIM 檔案的指令為下列哪一項？

(A) DIMEX

(B) DIMEXPLORT

(C) DIMOUT

(D) DIMSTYLEEXPORT

答案：A

16-19. AutoCAD Express Tools 功能中能匯入標註型式為 DIM 檔案的指令為下列哪一項？

(A) DIMMEN

(B) DIMIM

(C) DIMIN

(D) DIMINS

答案：B

16-20. AutoCAD Express Tools 功能中能快速編輯 ACAD.PGP 的指令為下列哪一項？

(A) EDITPGP

(B) PGPEDIT

(C) EDITALIAS

(D) ALIASEDIT

答案：D

4-1-17 第十七類：2D 進階技巧與快捷鍵自訂設定能力

> 本書範例題目內容為認證題型與命題方向之示範，正式測驗試題不以範例題目為限。

17-01. 欲在 AutoCAD 內呼叫外部應用程式（EXCEL、WORD、CALC...等）可在指令區執行下列哪一項指令？

    (A) PROGN

    (B) START

    (C) SELECT

    (D) GOTO

  答案：B

17-02. AutoCAD 快捷鍵的定義檔案為下列哪一項？

    (A) ACAD.PAT

    (B) ACAD.PGP

    (C) ACADISO.PAT

    (D) CADISO.PGP

  答案：B

17-03. 欲編輯 AutoCAD 快捷鍵檔，可從下列哪一項執行？

    (A) 「常用頁籤/自訂功能面板/編輯別名」

    (B) 「檢視頁籤/自訂功能面板/編輯別名」

    (C) 「註解頁籤/自訂功能面板/編輯別名」

    (D) 「管理頁籤/自訂功能面板/編輯別名」

  答案：D

17-04. AutoCAD 快捷鍵的定義檔案中，代表該行是註解而非快捷鍵定義的第一個符號為下列哪一項？

(A) 分號;

(B) 問號?

(C) 井號#

(D) 驚嘆號!

答案：A

17-05. 下列哪些單一字母，在標準的 ACAD.PGP 檔案中並未定義功能，未來可善加利用？（**複選**）

(A) N

(B) Y

(C) Q

(D) K

答案：ABCD

17-06. AutoCAD 快捷鍵的定義，希望 RAY 指令用 Y 代表，下列哪一項正確？

(A) Y;RAY

(B) Y;*RAY

(C) Y,RAY

(D) Y,*RAY

答案：D

17-07. AutoCAD 快捷鍵的定義，希望 QSAVE 指令用 Q 代表，下列哪一項正確？

(A) Q;QSAVE

(B) Q;*QSAVE

(C) Q,*QSAVE

(D) Q,QSAVE

答案：C

17-08. AutoCAD 快捷鍵的定義，希望 NEW 指令用 N 代表，下列哪一項正確？

(A) N,*NEW

(B) *N,*NEW

(C) N,NEW

(D) *N,NEW

答案：A

17-09. AutoCAD 快捷鍵的定義，希望 COPY 指令用 CC 代表，下列哪一項正確？

(A) CC,*COPY

(B) *CC,COPY

(C) COPY,*CC

(D) *COPY,CC

答案：A

17-10. AutoCAD 快捷鍵的定義，希望 LENGTHEN 指令用 LL 代表，下列哪一項正確？

(A) LL,*LENGTHEN

(B) *LL,LENGTHEN

(C) LENGTHEN,*LL

(D) *LENGTHEN,LL

答案：A

17-11. AutoCAD 快捷鍵的定義，希望另存新檔 SAVEAS 指令用 SS 代表，下列哪一項正確？

(A) SS,SAVEAS

(B) SS,*SAVEAS

(C) *SS,SAVEAS

(D) *SS,*SAVEAS

答案：B

17-12. AutoCAD 快捷鍵的定義，希望 EXPLORER 檔案總管指令用 EEE 代表，
下列哪一項正確？

(A) EEE,*START EXPLORER,1,,

(B) *EEE,START EXPLORER,1,,

(C) EEE,START EXPLORER,1,,

(D) *EEE,*START EXPLORER,1,,

答案：C

17-13. AutoCAD 快捷鍵的定義，希望 PBRUSH 小畫家指令用 PPP 代表，下列
哪一項正確？

(A) PPP,START PBRUSH,1,,

(B) PPP,*START PBRUSH,1,,

(C) PPP,#START PBRUSH,1,,

(D) PPP,@START PBRUSH,1,,

答案：A

17-14. AutoCAD 快捷鍵的定義，希望進入 DOS 模式指令用 DOS 代表，下列哪
些正確？（**複選**）

(A) DOS,CMD

(B) DOS,START DOS,1,,

(C) DOS,START CMD,1,,

(D) DOS,DOS,1,,

答案：AC

17-15. AutoCAD 快捷鍵的定義，希望 EXCEL 用 XXX 代表，下列哪一項正確？

(A) XXX,START EXCEL,1,,

(B) XXX,*START EXCEL,1,,

(C) XXX,#START EXCEL,1,,

(D) XXX,@START EXCEL,1,,

答案：A

17-16. AutoCAD 快捷鍵的定義，希望 WORD 用 WWW 代表，下列哪一項正確？

(A) WWW,START WORD,1,,

(B) WWW,*START WORD,1,,

(C) WWW,*START WINWORD,1,,

(D) WWW,START WINWORD,1,,

答案：D

17-17. AutoCAD 快捷鍵的定義，希望小算盤用 123 代表，下列哪一項正確？

(A) 123,START CALC,

(B) 123,START CALT

(C) 123,START CALC,1,,

(D) 123,START CALT,1,,

答案：C

17-18. AutoCAD 快捷鍵的定義，希望控制台用 CCC 代表，下列哪一項正確？

(A) CCC,*CONTROL

(B) CCC,START CONTROL

(C) CCC,START CONTROL,1,,

(D) CCC,*START CONTROL,1,,

答案：C

17-19. AutoCAD 快捷鍵的定義，希望螢幕截取工具用 SSS 代表，下列哪一項正確？

(A) SSS,START Snip,1,,

(B) SSS,START SnipTool,1,,

(C) SSS,START Snipping,1,,

(D) SSS,START SnippingTool,1,,

答案：D

17-20. AutoCAD 快捷鍵重新定義後，執行下列哪一項指令才能在目前的作業中即時更新？

(A) REPGP

(B) REINIT

(C) NEWPGP

(D) RENEWPGP

答案：B

17-21. 關於 AutoCAD 快捷鍵的自訂功能，下列哪些敘述正確？（**複選**）

(A) 可以自行定義 AutoCAD 指令的快捷鍵

(B) 可以自行定義 AutoCAD 系統變數的快捷鍵

(C) 可以自行定義 AutoCAD 指令副選項的快捷鍵

(D) 無法自行定義 AutoCAD 指令副選項的快捷鍵

答案：ABD

17-22. 關於 AutoCAD 快捷鍵，下列哪些敘述正確？（**複選**）

(A) 同一個指令不能自訂二組（含）以上快捷鍵定義

(B) 快捷鍵名稱用大小寫無所謂

(C) 既然是快捷鍵，優先考慮當然是越少字越好

(D) 要在目前作業中即時更新快捷鍵定義的指令是 REINIT

答案：BCD

17-23. 欲複製與自訂一個專屬 AutoCAD 快捷鍵檔案於 C:\ACADDEMO\，下列哪些敘述正確？（**複選**）

(A) 檔名必須是 ACAD.PGP

(B) 主檔名無所謂，但是檔案類型必須是*.PGP

(C) 該資料夾路徑在「選項/檔案」，支援路徑的位置應該排在越前面才能優先抓取

(D) 該資料夾路徑在「選項/檔案」，支援路徑的位置應該排在越後面才能優先抓取

答案：AC

4-1-18 第十八類：圖紙集與多註解比例設定能力

> 本書範例題目內容為認證題型與命題方向之示範，正式測驗試題不以範例題目為限。

18-01. 關於圖紙集功能，下列哪些敘述正確？（**複選**）

(A) 圖紙集是數個圖檔中圖紙的有組織且具名的集合

(B) 一張圖紙是圖檔中的一個選取的配置

(C) 使用圖紙集管理員可以輕鬆的建立、組織與管理圖紙

(D) 圖檔中的模型空間亦可被匯入圖紙集當成一張圖紙

答案：ABC

18-02. 關於圖紙集管理對專案的幫助，下列哪些敘述正確？（**複選**）

(A) 可以將整個專案所需圖檔與圖面集中管理

(B) 可以將整個專案發佈至繪圖機

(C) 可以將整個專案發佈成*.DWF、*.DWFX、*.PDF 檔

(D) 可以將整個專案相關檔案封存與電子傳送

答案：ABCD

18-03. 圖紙集管理員，快捷鍵與加速鍵為下列哪些？（**複選**）

(A) 加速鍵是[Ctrl]+[3]

(B) 加速鍵是[Ctrl]+[4]

(C) 快捷鍵是 SSM

(D) 快捷鍵是 SST

答案：BC

18-04. 圖紙集功能，有下列哪些主要 Label 標籤？（**複選**）

(A) 圖紙清單

(B) 圖紙視圖

(C) 圖層資源

(D) 模型視圖

答案：ABD

18-05. 圖紙集功能，檔案類型為下列哪一項？

(A) *.DSG

(B) *.SHT

(C) *.DST

(D) *.SWT

答案：C

18-06. 圖紙集資料檔的備份檔，檔案類型為下列哪一項？

(A) *.DS$

(B) *.SH$

(C) *.SD$

(D) *.DW$

答案：A

18-07. 圖紙集功能，關於匯入為圖面的配置，下列哪些敘述正確？（複選）

(A) 若匯入的配置已屬於某圖紙集時，不可再匯入目前的圖紙集

(B) 若匯入的配置已屬於某圖紙集時，可以再匯入目前的圖紙集

(C) 配置僅可以屬於一個圖紙集

(D) 配置可以同時屬於多個圖紙集

答案：AC

18-08. 圖紙集功能，若從圖紙集中移除圖紙，下列哪一項敘述正確？

(A) 原始圖檔將一併被刪除

(B) 原始圖檔將一併被刪除，但是會自動建立備份檔以防萬一

(C) 原始圖檔不會被刪除，但是該圖檔內配置會被刪除

(D) 原始圖檔與配置皆不會被刪除

答案：D

18-09. 圖紙集功能,圖紙的建立來源為下列哪些?(**複選**)

(A) 可直接選取新增圖紙

(B) 可選取圖檔將配置匯入為圖紙

(C) 可選取圖檔將模型匯入為圖紙

(D) 從另一個圖紙集中直接拖曳圖紙進來

答案:AB

18-10. 圖紙集功能,關於模型視圖的特性,下列哪些敘述正確?(**複選**)

(A) 按一下某個圖檔,只會顯示在模型空間中的視圖

(B) 按一下某個圖檔,會顯示在模型與圖紙空間的視圖

(C) 按二下某視圖,會開啟包含該視圖的圖面

(D) 直接拖曳視圖或圖檔,可將其放置於目前圖紙中

答案:ACD

18-11. 圖紙集功能,關於模型視圖與圖紙視圖的特性,下列哪些敘述正確?
(**複選**)

(A) 模型視圖中的視圖只能拖曳到模型空間

(B) 模型視圖中的視圖只能拖曳到圖紙空間

(C) 圖紙視圖中顯示的視圖名稱是模型視圖拖曳到圖面的視圖

(D) 圖紙視圖中顯示的視圖名稱是圖紙視圖拖曳到圖面的視圖

答案:BC

18-12. 圖紙集功能,關於建立新子集的性質,下列哪些敘述正確?(**複選**)

(A) 子集可相對於父系資料夾下建立新資料夾

(B) 子集無法相對於父系資料夾下建立新資料夾

(C) 可設定此子集所有新圖紙*.DWG 檔儲存的資料夾位置

(D) 可設定此子集建立新圖紙的圖面樣板檔和配置名稱

答案:ACD

18-13. 關於圖紙集中子集的敘述，下列哪些正確？（**複選**）

　　(A) 子集可以更名

　　(B) 子集內不能再建立子集

　　(C) 子集內含有圖紙時，可以移除該子集

　　(D) 子集內含有圖紙時，無法移除該子集

　　答案：AD

18-14. 關於圖紙集的性質，可以設定下列哪些項目？（**複選**）

　　(A) 圖紙儲存位置

　　(B) 圖紙建立樣板

　　(C) 替用頁面設置檔案

　　(D) 專案名稱

　　答案：ABCD

18-15. 選取具名的圖紙集，按滑鼠右鍵，可以執行下列哪些項目？（**複選**）

　　(A) 重新儲存所有圖紙

　　(B) 封存

　　(C) 電子傳送

　　(D) 匯出圖紙集

　　答案：ABC

18-16. 圖紙集的 ▨ 圖示代表下列哪一項意義？

　　(A) 將配置匯入為圖紙

　　(B) 重新儲存所有圖紙

　　(C) 新增模型視圖位置

　　(D) 電子傳送圖紙集

　　答案：C

18-17. 圖紙集中發佈，可以執行下列哪些項目？（**複選**）

　　(A) 發佈成 *.DWF

　　(B) 發佈成 *.DWFX

　　(C) 發佈成 *.PDF

　　(D) 發佈成 *.PDFX

　答案：ABC

18-18. 圖紙集中子集，可以執行哪些項目？（**複選**）

　　(A) 將配置匯入為圖紙

　　(B) 建立新子集

　　(C) 封存

　　(D) 電子傳送

　答案：ABD

18-19. 關於可註解物件，包含下列哪些選項？（**複選**）

　　(A) 單行文字與多行文字

　　(B) 多重引線

　　(C) 圖塊與填充線

　　(D) 標註

　答案：ABCD

18-20. 關於加入或刪除可註解物件比例的指令，下列哪一項正確？

　　(A) OBJECTSCALE

　　(B) MSCALE

　　(C) OBJSCALE

　　(D) SCAOBJ

　答案：A

18-21. 關於滑鼠靠近可註解物件識別記號的敘述，下列哪些正確？（**複選**）

(A) 單一註解比例的物件，只會看到一個識別記號

(B) 設定二組註解比例的物件，只會看到二個識別記號

(C) 設定二組（含）以上註解比例的物件，只會看到二個識別記號

(D) 設定三組（含）以上註解比例的物件，只會看到三個識別記號

答案：ABC

18-22. 將一般文字變更為可註解文字的方式，下列哪些操作可完成？（**複選**）

(A) 選取文字後，以 OBJECTSCALE 加入註解比例

(B) 「選取文字/快速性質選項板/變更為可註解」

(C) 「選取文字/性質選項板/變更為可註解」

(D) 直接變更欲選取的文字所屬字型為可註解字型

答案：BCD

18-23. 將一般標註變更為可註解標註的方式，下列哪些操作可完成？（**複選**）

(A) 直接變更欲選取的標註所屬標註型式為可註解

(B) 「選取標註/快速性質選項板/變更為可註解」

(C) 「選取標註/性質選項板/變更為可註解」

(D) 選取標註後，以 OBJECTSCALE 加入註解比例

答案：ABC

18-24. 將一般標註型式修改為可註解標註型式，需進入下列哪一項標籤設定？

(A) 符號與箭頭

(B) 填入

(C) 主要單位

(D) 對照單位

答案：B

18-25. 將一般填充線變更為可註解填充線的方式，下列哪些選項可完成？（**複選**）

　　　(A)「選取填充線/選項面板/變更為可註解」

　　　(B)「選取填充線/快顯功能表/變更為可註解」

　　　(C)「選取填充線/快速性質選項板/變更為可註解」

　　　(D)「選取填充線/性質選項板/變更為可註解」

　　答案：ACD

18-26. 將一般多重引線變更為可註解多重引線的方式，下列哪些選項可完成？
　　　（**複選**）

　　　(A) 直接變更選取的多重引線所屬型式為可註解

　　　(B)「選取多重引線/快速性質選項板/變更為可註解」

　　　(C)「選取多重引線/性質選項板/變更為可註解」

　　　(D) 選取多重引線後，以 OBJECTSCALE 加入註解比例

　　答案：ABC

18-27. 將一般多重引線型式變更為可註解多重引線型式，需進入下列哪一項標
　　　籤設定？

　　　(A) 引線格式

　　　(B) 引線結構

　　　(C) 引線內容

　　　(D) 引線單位

　　答案：B

18-28. 關於一般圖塊變更為可註解圖塊的敘述，下列哪些正確？（**複選**）

　　　(A) 若建立時未勾選「使圖塊方位與配置相符」，事後無法用性質變更

　　　(B) 若建立時未勾選「使圖塊方位與配置相符」，事後可以用性質變更

　　　(C) 一般圖塊事後無法用性質變更為可註解

　　　(D) 一般圖塊事後可以用性質變更為可註解

　　答案：AC

4-1-19 第十九類：錄製巨集與參數式設計設定能力

本書範例題目內容為認證題型與命題方向之示範，正式測驗試題不以範例題目為限。

19-01. 關於錄製巨集的指令與快捷鍵，下列哪些正確？（**複選**）

(A) 指令是 ACTRECORD

(B) 指令是 AETRECORD

(C) 快捷鍵是 ARR

(D) 快捷鍵是 ACT

答案：AC

19-02. 關於停止巨集的指令與快捷鍵，下列哪些正確？（**複選**）

(A) 指令是 AETSTOP

(B) 指令是 ACTSTOP

(C) 快捷鍵是 ARS

(D) 快捷鍵是 ACS

答案：BC

19-03. 功能區面板「動作錄製器」在下列哪一項頁籤內？

(A) 常用

(B) 管理

(C) 插入

(D) 輸出

答案：B

19-04. 錄製完的動作巨集儲存成下列哪一項檔案類型？

(A) *.ACT

(B) *.AET

(C) *.ARTM

(D) *.ACTM

答案：D

19-05. 下列哪一項操作可以修改錄製完的動作巨集儲存位置？

    (A) 「選項/檔案」

    (B) 「選項/系統」

    (C) 「選項/使用者偏好」

    (D) 「選項/顯示」

    答案：A

19-06. 欲錄製巨集「建立 DIM 層，顏色紅色」，下列流程哪些正確？（**複選**）

    (A) 「-LAYER/M/DIM/C/1/[ENTER]/[ENTER]」

    (B) 「-LAYER/M/DIM/1/[ENTER]/[ENTER]」

    (C) 「-LAYER/N/DIM/C/1/[ENTER]/[ENTER]」

    (D) 「-LAYER/N/DIM/1/[ENTER]/[ENTER]」

    答案：AC

19-07. 欲錄製巨集「同時建立 DIM 與 TXT 層」，下列流程哪一項正確？

    (A) 「-LAYER/M/DIM,TXT/[ENTER]」

    (B) 「-LAYER/M/DIM;TXT/[ENTER]」

    (C) 「-LAYER/N/DIM,TXT/[ENTER]」

    (D) 「-LAYER/N/DIM;TXT/[ENTER]」

    答案：C

19-08. 欲錄製巨集「建立文字體 KK 為標楷體」，下列流程哪一項正確？

    (A) 「-STYLE/KK/標楷体/連續[ENTER]回到指令提示」

    (B) 「-STYLE/KK/標楷體/連續[ENTER]回到指令提示」

    (C) 「STYLE/KK/標楷体/連續[ENTER]回到指令提示」

    (D) 「STYLE/KK/標楷體/連續[ENTER]回到指令提示」

    答案：B

19-09. 若以對話框式的 LAYER 與 STYLE 錄製巨集建立圖層與字體，下列哪些
敘述正確？（**複選**）

(A) 對話框式的 LAYER 可以建立成功

(B) 對話框式的 LAYER 無法建立成功

(C) 對話框式的 STYLE 可以建立成功

(D) 對話框式的 STYLE 無法建立成功

答案：AD

19-10. 功能區面板「動作錄製器」之工具圖示中，下列哪一項是動作巨集管理員？

(A) 工具圖示是

(B) 工具圖示是

(C) 工具圖示是

(D) 工具圖示是

答案：D

19-11. 功能區面板「動作錄製器」之工具圖示中，下列哪一項是插入基準點？

(A) 工具圖示是

(B) 工具圖示是

(C) 工具圖示是

(D) 工具圖示是

答案：A

19-12. 在動作錄製管理員對話框中，可以對於巨集執行下列哪些操作？（**複選**）

(A) 複製

(B) 匯出

(C) 刪除

(D) 更名

答案：ACD

19-13. 錄製的巨集中，關於座標的表示，下列哪些敘述正確？（**複選**）

(A) 絕對座標工具圖示是 ✛

(B) 絕對座標工具圖示是 ↗

(C) 相對座標工具圖示是 ✛

(D) 相對座標工具圖示是 ↗

答案：AD

19-14. 錄製巨集的過程中，滑鼠的哪一方位有一個紅點提醒？

(A) 左上角

(B) 左下角

(C) 右上角

(D) 右下角

答案：C

19-15. 關於參數式頁籤內含的功能面板，下列哪一項正確？

(A) 幾何、尺度、控制

(B) 約束、標註、管理

(C) 約束、標註、控制

(D) 幾何、尺度、管理

答案：D

19-16. 幾何約束圖示 ⊥ ⟍ ◎ 🔒 依序代表什麼約束功能，下列哪一項正確？

(A) 重合、共線、同圓心、固定

(B) 垂直、延伸、同圓心、固定

(C) 垂直、共線、同圓心、固定

(D) 重合、延伸、同圓心、固定

答案：A

19-17. 幾何約束圖示 ⌒ ⅄ ⏐⏐ ＝ 依序代表什麼約束功能，下列哪一項正確？

(A) 相切、重合、對稱、相等

(B) 相切、重合、垂直、相等

(C) 相切、平滑、對稱、相等

(D) 相切、平滑、垂直、相等

答案：C

19-18. 幾何約束圖示 ∥ Ⅴ ═ ╣ 依序代表什麼約束功能，下列哪一項正確？

(A) 平行、重合、水平、垂直

(B) 平行、互垂、水平、垂直

(C) 平滑、互垂、水平、垂直

(D) 平滑、重合、水平、垂直

答案：B

19-19. 幾何約束 GEOMCONSTRAINT 可設定的約束類型共有幾種？

(A) 8

(B) 10

(C) 12

(D) 15

答案：C

19-20. 「幾何約束/同圓心」，選取的有效物件為下列哪些？（**複選**）

(A) 圓

(B) 弧

(C) 橢圓

(D) 聚合弧

答案：ABCD

19-21. 「幾何約束/相等」，若選取的是二個弧，則結果為下列哪一項？

(A) 二弧半徑相等，圓心也相等

(B) 二弧弧心相等，各自半徑不變

(C) 二弧半徑相等，各自弧心、夾角不變

(D) 二弧半徑與夾角相等，各自弧心不變

答案：C

19-22. 自動約束可設定的約束類型共有幾種？

(A) 6

(B) 8

(C) 9

(D) 12

答案：C

19-23. 關於顯示或隱藏所選物件幾何約束的指令與快捷鍵，下列哪些正確？
（複選）

(A) 指令是 CONSTRAINTBAR

(B) 指令是 BARCONSTRAINT

(C) 快捷鍵是 BCON

(D) 快捷鍵是 CBAR

答案：AD

19-24. 關於約束列的特性，下列哪些敘述正確？（複選）

(A) 約束列可調整透明度

(B) 約束列可控制全部隱藏或全部顯示

(C) 約束列全部隱藏後，碰選物件會顯示約束列

(D) 約束列全部隱藏後，碰選物件不會顯示約束列

答案：ABC

19-25. 關於約束列透明度的設定，下列哪一項正確？

(A) 有效範圍 0~100

(B) 有效範圍 10~100

(C) 有效範圍 0~90

(D) 有效範圍 10~90

答案：D

19-26. 關於尺度約束的指令與快捷鍵，下列哪些正確？（**複選**）

(A) 指令是 DIMCONST

(B) 指令是 DIMCONSTRAINT

(C) 快捷鍵是 DCT

(D) 快捷鍵是 DCON

答案：BD

19-27. 尺度約束 DIMCONSTRAINT 功能，共有幾種不同選項？

(A) 6

(B) 8

(C) 9

(D) 10

答案：C

19-28. 尺度約束 DIMCONSTRAINT 的形式設定，包含下列哪些？（**複選**）

(A) 靜態形式

(B) 動態形式

(C) 註解形式

(D) 參數形式

答案：BC

4-1-20　第二十類：AutoCAD 雲端線上協同作業與內容瀏覽器設定能力

> 本書範例題目內容為認證題型與命題方向之示範，正式測驗試題不以範例題目為限。

20-01. AutoCAD 雲端線上協同作業在下列哪一項頁籤？

    (A) A360

    (B) AutoCAD On-Line

    (C) AutoCAD 360

    (D) Autodesk On-Line

答案：A

20-02. 關於 A360 的特性敘述，下列哪些正確？（複選）

    (A) 可在網路上共用、編輯和管理 AutoCAD 圖面

    (B) 本端圖面變更時，儲存在 A360 伺服器上的複本將會同步

    (C) 可透過有網頁瀏覽器的電腦或手機，存取和編輯線上複本

    (D) 多位使用者可即時進行協同合作，以同時檢視和編輯圖面

答案：ABCD

20-03. 利用電腦或手機進行 A360 雲端線上協同作業，下列哪一項正確？

    (A) 必須安裝 AutoCAD 與 DWG 檢視器

    (B) 只需安裝 AutoCAD

    (C) 只需安裝 DWG 檢視器

    (D) 完全不需安裝 AutoCAD 與 DWG 檢視器

答案：D

20-04. A360 頁籤內預設有幾個功能面板？

    (A) 2

    (B) 3

    (C) 4

    (D) 5

答案：B

20-05. 關於 A360 雲端伺服器的主網頁網址，下列哪一項正確？

(A) https://autodesk360.com/

(B) https://www.autodesk.360.com/

(C) https://360.autodesk.com/

(D) https://a360.autodesk.com/

答案：C

20-06. 關於 A360 的免費帳戶的儲存空間，下列哪一項正確？

(A) 1GB

(B) 3GB

(C) 5GB

(D) 7GB

答案：C

20-07. 關於 A360 的 Subscription 帳戶的儲存空間，下列哪一項正確？

(A) 15GB

(B) 25GB

(C) 35GB

(D) 45GB

答案：B

20-08. 關於 A360 的上傳作業，下列哪些敘述正確？（**複選**）

(A) 上傳前必須先註冊一組專屬的帳號

(B) 上傳可以同時選取多個檔案

(C) 上傳無法同時選取多個檔案

(D) 上傳時可決定圖面變更時，雲端伺服器上的複本是否同步自動上傳

答案：ABD

20-09. 關於 A360 的面板相關功能，下列哪些正確？（**複選**）

(A)「開啓 A360 Drive/ONLINEDOCS」

(B)「開啓 A360 Drive/ONLINEA360」

(C)「設計摘要/DESIGNFEEDOPEN」

(D)「設計摘要/DESIGNFEED」

答案：AC

20-10. 關於在檔案總管中開啓 A360 資料夾的指令，下列哪一項正確？

(A) ONLINEOPEN360

(B) ONLINEAUTODESK360

(C) ONLINEOPENFILES

(D) ONLINEOPENFOLDER

答案：D

20-11. 在 A360 雲端上，共用文件可設定存取的層級有幾種模式？

(A) 3

(B) 4

(C) 5

(D) 6

答案：B

20-12. 在 A360 雲端上，共用文件存取層級若設定為「檢視和下載文件」，下列哪些正確？（**複選**）

(A) 共同使用者可下載此文件

(B) 共同使用者可查看文件

(C) 共同使用者不可更新文件

(D) 共同使用者不可線上編輯文件

答案：ABCD

20-13. A360 線上編輯，繪製 DRAW 功能有下列哪些？（**複選**）

(A) 畫線、弧

(B) 畫圓、橢圓

(C) 畫矩形

(D) 畫正多邊形

答案：ABC

20-14. A360 線上編輯，編輯 EDIT 功能有下列哪些？（**複選**）

(A) 比例

(B) 鏡射

(C) 旋轉

(D) 偏移

答案：BD

20-15. A360 線上編輯，註解 ANNOTATE 功能有下列哪些？（**複選**）

(A) 查詢距離

(B) 查詢面積

(C) 線性標註、半徑標註

(D) 角度標註、直徑標註

答案：ABC

20-16. 關於 A360 線上編輯之圖層管理，下列哪些敘述正確？（**複選**）

(A) 圖層可鎖護

(B) 圖層可關閉

(C) 圖層可凍結

(D) 圖層可變更顏色

答案：ABD

20-17. A360 線上編輯之 Download 可選擇的檔案類型,下列哪些正確?(**複選**)

(A) *.DWG

(B) *.DXF

(C) *.JPG

(D) *.PNG

答案:ABCD

20-18. A360 線上編輯之 Download 若選擇*.DWG 檔案類型,包含下列哪些版本?

(**複選**)

(A) AutoCAD 2010

(B) AutoCAD 2012

(C) AutoCAD 2013

(D) AutoCAD 2014

答案:AC

20-19. 關於 A360 線上編輯之 Output 作業,下列哪些敘述正確?(**複選**)

(A) 可輸出到指定的繪圖機

(B) 可輸出到指定的印表機

(C) 可輸出成*.DWF 檔

(D) 可輸出成*.PDF 檔

答案:CD

20-20. AutoCAD 的「內容瀏覽器」功能,在下列哪一個頁籤內?

(A) 增益集

(B) 管理

(C) 檢視

(D) 註解

答案:A

20-21. AutoCAD 的「內容瀏覽器」指令為下列哪一項？

    (A) CONTEXPLOR

    (B) CONTENTEXPLORER

    (C) CONDEXPLOR

    (D) CONDEXPLORER

    答案：B

20-22. AutoCAD 圖資搜尋的最佳幫手為下列哪一項？

    (A) 設計摘要

    (B) 設計中心

    (C) 工具選項板

    (D) 內容瀏覽器

    答案：D

20-23. AutoCAD 內容瀏覽器的功能敘述，下列哪些正確？（**複選**）

    (A) 瀏覽和搜尋本端資料夾、網路資料夾中的設計內容

    (B) 瀏覽*.DWG 檔案，以及存取和插入圖塊、圖層、線型與型式等

    (C) 搜尋物件、所有文字、屬性（包括圖塊屬性）

    (D) 精確指出特定的圖塊參考或文字字串，並自動瀏覽至包含的檔案

    答案：ABCD

20-24. 關於內容瀏覽器，若內容為圖檔時，下列哪些敘述正確？（**複選**）

    (A) 可瀏覽

    (B) 可插入

    (C) 可貼附

    (D) 可鎖護

    答案：ABC

4-2　操作題技能規範及分類範例題目

類　別	技　能　內　容
第　一　類	綜合應用一
	1. 線、圓、弧之繪製技巧 2. 物件鎖點追蹤之應用技巧 3. 相對座標之綜合應用技巧 4. 編修指令之綜合應用技巧 5. 特殊弧與建構線之應用技巧 6. 等分與點型式之應用技巧 7. 掣點作圖法之綜合應用技巧 8. 查詢距離、半徑、直徑、角度、周長、面積之應用
第　二　類	綜合應用二
	1. 線、圓、弧之綜合繪製技巧 2. 物件鎖點追蹤與相對座標之綜合應用技巧 3. 編修指令之綜合應用技巧 4. 特殊編修（對齊）之應用技巧 5. 編修指令（旋轉、比例、倒角）之進階應用技巧 6. 掣點作圖法之綜合應用技巧 7. 特殊角度之計算機應用技巧 8. 查詢距離、半徑、直徑、角度、周長、面積之應用

類　別	技　能　內　容
第　三　類	綜合應用三 1. 線、圓、弧之綜合繪製技巧 2. 物件鎖點追蹤與相對座標之應用技巧 3. 編修指令之綜合應用技巧 4. 角平分線繪製與對齊之應用技巧 5. 特殊正方形之繪製 6. 特殊幾何：比例縮放+軌跡變化觀察之應用技巧 7. 逆向作圖法之應用技巧 8. 查詢距離、半徑、直徑、角度、周長、面積之應用
第　四　類	玩具與生活用品應用 玩具與生活用品相關： 　會客茶几、噴霧器、向日葵、遙控器、桌墊、影音遙控器、 　電腦喇叭、計算機、桌上檯燈、電話筒之繪製
第　五　類	機械設計應用 機械設計相關： 　組合成品、元件、造型板、展示架、扣片、支軸、 　造型板 2、桌上用品、沖孔板、百頁扇側片之繪製
第　六　類	建築與室內設計應用 建築與室內設計相關： 　樓梯立面、別墅立面、萬用刀具、母子雙開門、載貨卡車、 　清潔用具、交通工具、雙開門、建築立面、住宅立面之繪製

項　目	標　準　答　案　容　許　誤　差　值
全　　部	±0.1

4-2-1 第一類：綜合應用一

> 本書範例題目內容為認證題型與命題方向之示範，正式測驗試題不以範例題目為限。

 101. 試繪出下圖並回答下列五個問題 ……………… ☑易 ☐中 ☐難

完成結果請依下表之資訊，儲存於指定路徑及檔名：

路徑	檔名
C:\ANS.CSF\ED01	**ATA01.dwg**

正七邊形

1. 交點 A 至交點 B 距離為何？

2. 交點 C 至交點 D 垂直距離為何？

3. 區域 E 面積為何？

4. 區域 F 扣除內孔面積為何？

5. 圖形最外圍面積為何？

🗝 答案：❶115.3927 ❷102.5763 ❸3806.9340 ❹969.8071 ❺6757.5430

102. 試繪出下圖並回答下列五個問題 .... ☑易□中□難

完成結果請依下表之資訊，儲存於指定路徑及檔名：

路徑	檔名
C:\ANS.CSF\ED01	**ATA01.dwg**

左方圖形＝右方圖形*0.75倍＋鏡射

1. 交點 A 至交點 B 距離為何？

2. 交點 C 至交點 D 間距離為何？

3. 中心點 E 至交點 F 水平距離為何？

4. 區域 G 周長為何？

5. 圖形最外圍面積為何？

答案：❶103.8161 ❷87.3022 ❸50.1079 ❹258.2623 ❺8484.5863

103. 試繪出下圖並回答下列五個問題 .... ☑易□中□難

完成結果請依下表之資訊，儲存於指定路徑及檔名：

路徑	檔名
C:\ANS.CSF\ED01	**ATA01.dwg**

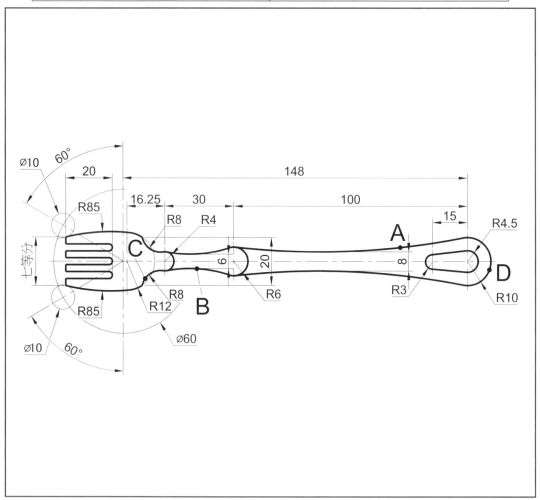

1. 弧 A 的直徑為何？

2. 弧 A 至弧 B 兩中心點距離為何？

3. 弧 C 至弧 D 兩中心點距離為何？

4. 圖形水平總長度為何？

5. 圖形最外圍扣除內孔面積為何？

答案：❶657.3385 ❷395.7514 ❸132.3680 ❹182.8430 ❺2043.4146

104. 試繪出下圖並回答下列五個問題 ⋯⋯⋯⋯⋯⋯ ☑易□中□難

完成結果請依下表之資訊，儲存於指定路徑及檔名：

路徑	檔名
C:\ANS.CSF\ED01	**ATA01.dwg**

1. 交點 A 至交點 B 距離為何？

2. 中點 C 至四分點 D 間距離為何？

3. 四分點 E 至中心點 F 角度為何？

4. 四分點 G 至弧 H 中心點高度為何？

5. 圖形最外圍面積為何？

答案：❶124.4168 ❷176.9780 ❸312.5201 ❹143.3260 ❺10064.3674

105. 試繪出下圖並回答下列五個問題 ⋯⋯⋯⋯⋯⋯☑易☐中☐難

完成結果請依下表之資訊，儲存於指定路徑及檔名：

路徑	檔名
C:\ANS.CSF\ED01	**ATA01.dwg**

1. 區域 A 扣除內孔面積為何？

2. 區域 B 面積為何？

3. 中心點 C 與交點 D 距離為何？

4. 區域 E 扣除內孔面積為何？

5. 圖形最外圍面積為何？

答案：❶4491.5889 ❷1391.3578 ❸127.9508 ❹4151.0745 ❺11581.3137

106. 試繪出下圖並回答下列五個問題 ⋯⋯⋯⋯⋯⋯ ☑易☐中☐難

完成結果請依下表之資訊，儲存於指定路徑及檔名：

路徑	檔名
C:\ANS.CSF\ED01	**ATA01.dwg**

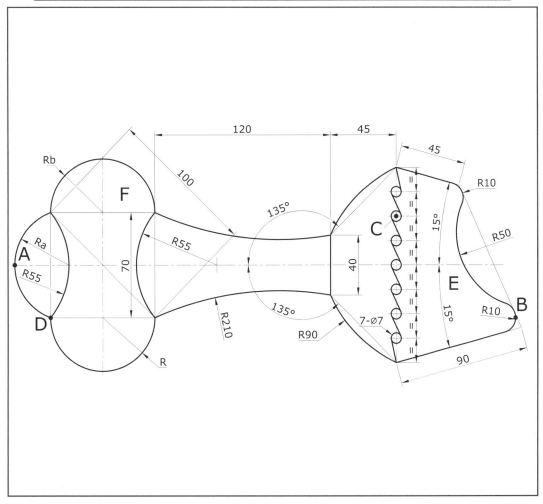

1. 中點 A 至四分點 B 水平距離為何？

2. 中心點 C 至交點 D 距離為何？

3. 區域 E 面積為何？

4. 區域 F 周長為何？

5. 圖形最外圍面積為何？

答案：❶343.9512 ❷245.8617 ❸6233.9321 ❹376.1051 ❺26109.8830

107. 試繪出下圖並回答下列五個問題 .... ☑易□中□難

完成結果請依下表之資訊，儲存於指定路徑及檔名：

路徑	檔名
C:\ANS.CSF\ED01	**ATA01.dwg**

1. 圖形最大高度為何？

2. 弧 A 中心點至中心點 B 距離為何？

3. 區域 E 扣除內孔面積為何？

4. 弧 C 中心點至交點 D 距離為何？

5. 圖形最外圍周長為何？

答案：❶205.0280 ❷163.1189 ❸14672.9551 ❹193.0122 ❺758.2307

108. 試繪出下圖並回答下列五個問題 .... ☑易☐中☐難

完成結果請依下表之資訊，儲存於指定路徑及檔名：

路徑	檔名
C:\ANS.CSF\ED01	**ATA01.dwg**

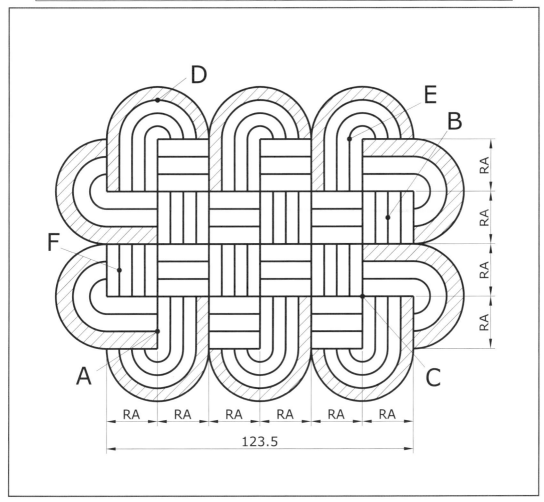

1. 交點 A 至中點 B 距離為何？

2. 交點 C 至四分點 D 角度為何？

3. 交點 E 至中點 F 距離為何？

4. 斜線區域總面積為何？

5. 圖形最外圍面積為何？

答案：❶102.8023 ❷136.8476 ❸105.9592 ❹4426.2590 ❺16823.2162

109. 試繪出下圖並回答下列五個問題 .... ☑易□中□難

完成結果請依下表之資訊，儲存於指定路徑及檔名：

路徑	檔名
C:\ANS.CSF\ED01	**ATA01.dwg**

1. 交點 A 至中心點 B 距離為何？

2. 弧 C 中心點至中心點 D 距離為何？

3. 區域 E 面積為何？

4. 區域 F 扣除內孔面積為何？

5. 圖形最外圍周長為何？

答案：❶227.8722 ❷182.7865 ❸571.3929 ❹15745.1586 ❺792.9407

110. 試繪出下圖並回答下列五個問題 .... ☑易☐中☐難

完成結果請依下表之資訊，儲存於指定路徑及檔名：

路徑	檔名
C:\ANS.CSF\ED01	**ATA01.dwg**

1. 交點 A 至交點 B 距離為何？

2. 15 個半圓弧總長為何？

3. 交點 C 至交點 D 水平距離為何？

4. 尺寸 E 為何？

5. 區域 F 的面積為何？

答案：❶140.5017 ❷274.8894 ❸115.6667 ❹83.9799 ❺15508.7748

4-2-2 第二類：綜合應用二

本書範例題目內容為認證題型與命題方向之示範，正式測驗試題不以範例題目為限。

🏆 201. 試繪出下圖並回答下列五個問題 ⋯⋯⋯⋯⋯⋯ ☑易☐中☐難

完成結果請依下表之資訊，儲存於指定路徑及檔名：

路徑	檔名
C:\ANS.CSF\ED02	**ATA02.dwg**

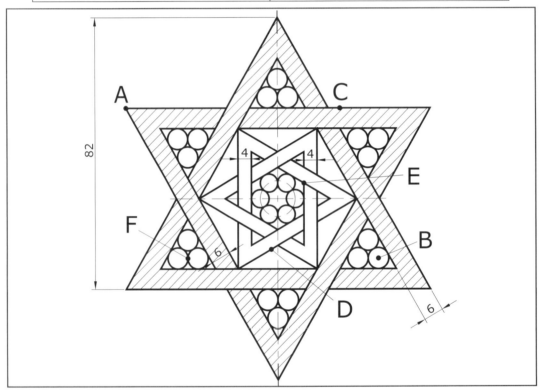

1. 交點 A 至中心點 B 距離為何？

2. 中點 C 至中點 D 角度為何？

3. 斜線區域面積為何？

4. 交點 E 至交點 F 角度為何？

5. 圖面中所有圓的總面積為何？

🏆 答案：❶90.8527 ❷243.5533 ❸2785.1377 ❹212.1586 ❺738.6083

202. 試繪出下圖並回答下列五個問題 ⋯⋯⋯⋯⋯⋯ ☑易□中□難

完成結果請依下表之資訊，儲存於指定路徑及檔名：

路徑	檔名
C:\ANS.CSF\ED02	**ATA02.dwg**

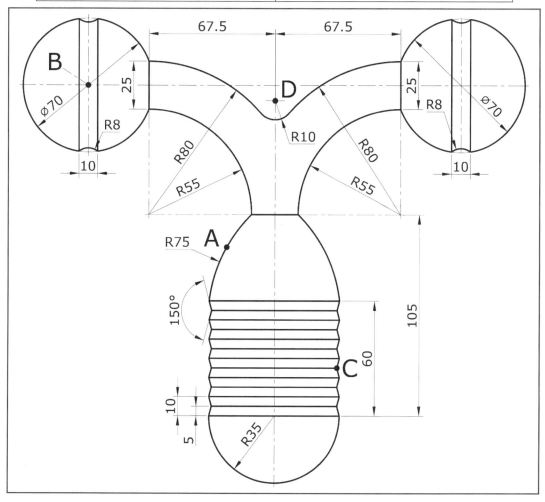

1. 圖形高度為何？

2. 弧 A 中心點至中心點 B 距離為何？

3. 交點 C 至中心點 D 距離為何？

4. 圖形寬度為何？

5. 圖形最外圍面積為何？

答案：❶242.1410 ❷185.1616 ❸143.5321 ❹270.3835 ❺20645.8041

203. 試繪出下圖並回答下列五個問題 .... ☑易□中□難

完成結果請依下表之資訊，儲存於指定路徑及檔名：

路徑	檔名
C:\ANS.CSF\ED02	**ATA02.dwg**

註：建議使用參數式繪製

1. 直徑 A 為何？

2. 直徑 B 為何？

3. 直徑 C 為何？

4. 中心點 D 至中心點 E 距離為何？

5. 圖形最外圍面積為何？

答案：❶20.1648 ❷7.4096 ❸10.8776 ❹77.0560 ❺2981.8262

204. 試繪出下圖並回答下列五個問題 .... ☑易□中□難

完成結果請依下表之資訊，儲存於指定路徑及檔名：

路徑	檔名
C:\ANS.CSF\ED02	**ATA02.dwg**

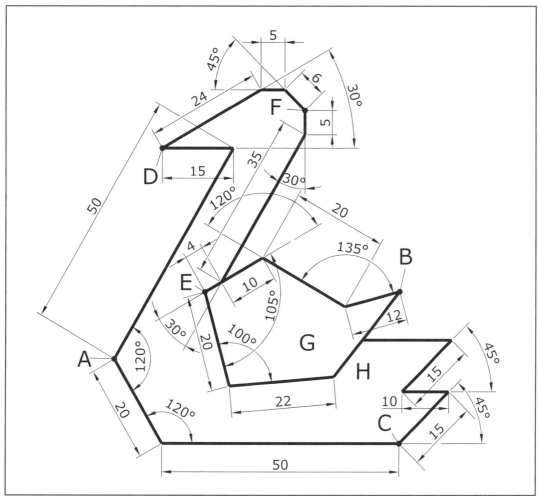

1. 交點 A 至交點 B 距離為何？

2. 交點 C 全交點 D 角度為何？

3. 交點 E 至交點 F 距離為何？

4. 區域 G 面積為何？

5. 區域 H 周長為何？

答案：❶61.6752 ❷129.5153 ❸42.7971 ❹633.2582 ❺324.6943

205. 試繪出下圖並回答下列五個問題 ⋯⋯⋯⋯⋯⋯⋯ ☑易□中□難

完成結果請依下表之資訊，儲存於指定路徑及檔名：

路徑	檔名
C:\ANS.CSF\ED02	**ATA02.dwg**

1. 弧 A 中心點至中點 B 距離為何？

2. 圖形高度為何？

3. 中心點 C 至中心點 D 距離為何？

4. 區域 E 面積為何？

5. 圖形最外圍面積為何？

答案：❶174.8756 ❷150.2966 ❸56.6312 ❹4163.7503 ❺11558.9794

206. 試繪出下圖並回答下列五個問題 ⋯⋯⋯⋯⋯ ☑易☐中☐難

完成結果請依下表之資訊，儲存於指定路徑及檔名：

路徑	檔名
C:\ANS.CSF\ED02	**ATA02.dwg**

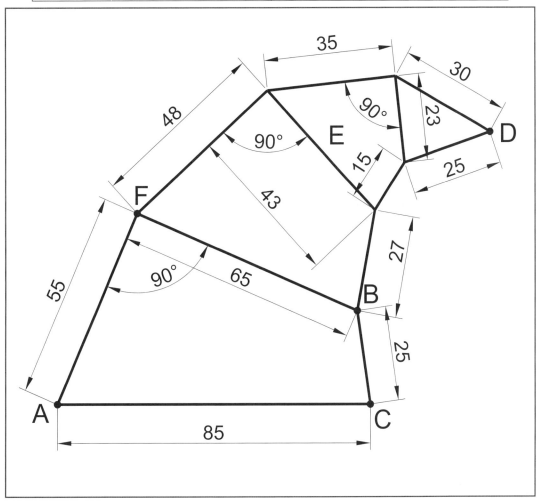

1. 交點 A 至交點 B 距離為何？

2. 交點 C 至交點 D 垂直距離為何？

3. 區域 E 面積為何？

4. 交點 F 至交點 D 距離為何？

5. 圖形最外圍面積為何？

答案：❶85.1469 ❷72.0247 ❸714.9200 ❹98.6386 ❺5721.0237

207. 試繪出下圖並回答下列五個問題 ⋯⋯⋯⋯⋯⋯ ☑易□中□難

完成結果請依下表之資訊，儲存於指定路徑及檔名：

路徑	檔名
C:\ANS.CSF\ED02	**ATA02.dwg**

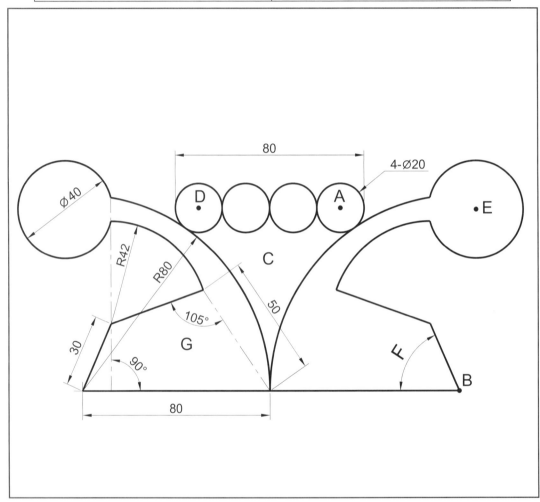

1. 中心點 A 至交點 B 垂直距離為何？

2. 區域 C 面積為何？

3. 中心點 D 至中心點 E 距離為何？

4. 尺寸 F 角度為何？

5. 區域 G 周長為何？

答案：❶74.8331 ❷1418.2060 ❸117.2296 ❹66.0441 ❺433.1723

208. 試繪出下圖並回答下列五個問題 .... ☑易☐中☐難

完成結果請依下表之資訊，儲存於指定路徑及檔名：

路徑	檔名
C:\ANS.CSF\ED02	**ATA02.dwg**

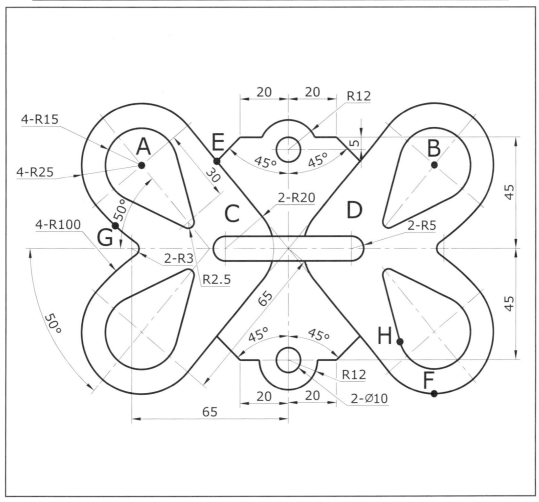

1. 中心點 A 至中心點 B 距離為何？

2. 區域 C 與區域 D 皆扣除內孔後面積為何？

3. 交點 E 至四分點 F 距離為何？

4. 中點 G 至端點 H 距離為何？

5. 圖形最外圍面積為何？

答案：❶121.8646 ❷8283.9574 ❸130.5943 ❹127.2663 ❺16000.4482

209. 試繪出下圖並回答下列五個問題 ....☑易☐中☐難

完成結果請依下表之資訊，儲存於指定路徑及檔名：

路徑	檔名
C:\ANS.CSF\ED02	**ATA02.dwg**

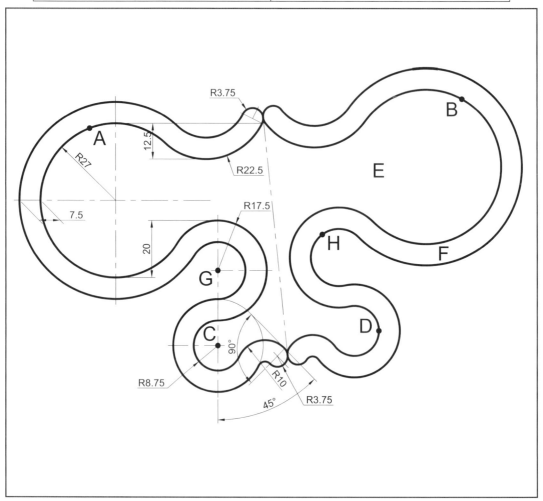

1. 弧 A 至弧 B 中心點距離為何？

2. 中心點 C 至弧 D 中心點距離為何？

3. 區域 E 面積為何？

4. 區域 F 周長為何？

5. 中心點 G 至弧 H 中心點距離為何？

🏆 答案：❶112.3486 ❷49.1678 ❸7447.6085 ❹635.1898 ❺43.6324

210. 試繪出下圖並回答下列五個問題 .... ☑易□中□難

完成結果請依下表之資訊，儲存於指定路徑及檔名：

路徑	檔名
C:\ANS.CSF\ED02	**ATA02.dwg**

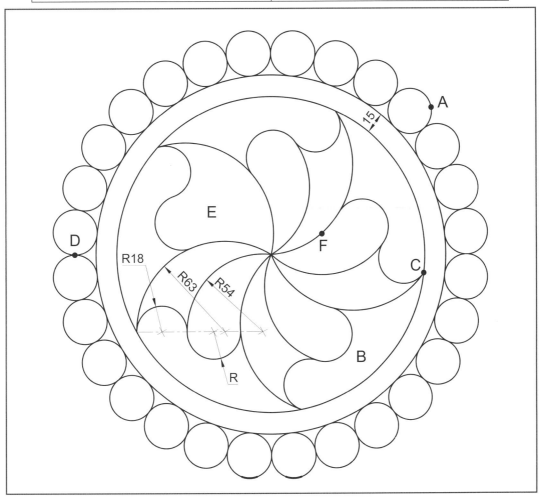

1. 圓 A 半徑為何？

2. 區域 B 周長為何？

3. 交點 C 至交點 D 垂直距離為何？

4. 區域 E 面積為何？

5. 弧 F 夾角為何？

答案：❶15.7578 ❷328.0658 ❸13.0110 ❹4294.1761 ❺121.5881

4-2-3 第三類：綜合應用三

本書範例題目內容為認證題型與命題方向之示範，正式測驗試題不以範例題目為限。

 301. 試繪出下圖並回答下列五個問題 ⋯⋯⋯⋯⋯⋯ □易 ☑中 □難

完成結果請依下表之資訊，儲存於指定路徑及檔名：

路徑	檔名
C:\ANS.CSF\ED03	**ATA03.dwg**

1. 交點 A 至交點 B 距離為何？

2. 交點 C 至交點 D 角度為何？

3. 斜線區域面積為何？

4. 區域 E 周長為何？

5. 圖形最外圍面積為何？

答案：❶84.1676 ❷164.0943 ❸244.2465 ❹561.7675 ❺7030.1534

302. 試繪出下圖並回答下列五個問題 .... □易 ☑中 □難

完成結果請依下表之資訊，儲存於指定路徑及檔名：

路徑	檔名
C:\ANS.CSF\ED03	**ATA03.dwg**

上方圖形=下方圖形*0.75倍+鏡射

1. 交點 A 至交點 B 距離為何？

2. 中心點 C 至中點 D 角度為何？

3. 區域 E 周長為何？

4. 斜線區域面積為何？

5. 圖形最外圍面積為何？

答案：❶100.9967 ❷319.0833 ❸254.9915 ❹3836.4734 ❺14236.0928

🏄 303. 試繪出下圖並回答下列五個問題 ....□易☑中□難

完成結果請依下表之資訊，儲存於指定路徑及檔名：

路徑	檔名
C:\ANS.CSF\ED03	**ATA03.dwg**

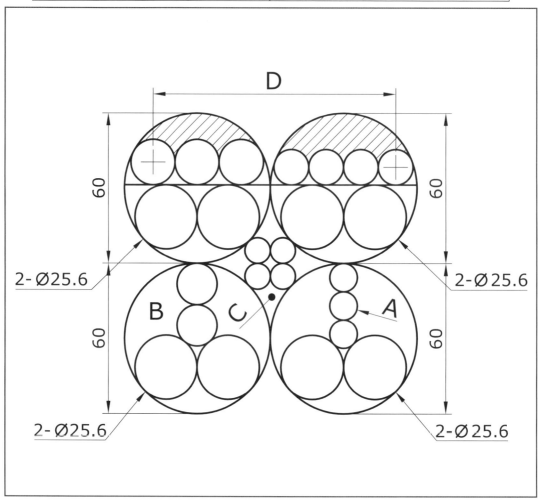

1. 圓 A 直徑為何？

2. 區域 B 周長為何？

3. 區域 C 面積為何？

4. 水平距離 D 為何？

5. 斜線區域面積為何？

答案：❶11.2848 ❷153.3837 ❸104.2242 ❹99.4580 ❺1010.0215

304. 試繪出下圖並回答下列五個問題 ………………… □易☑中□難

完成結果請依下表之資訊，儲存於指定路徑及檔名：

路徑	檔名
C:\ANS.CSF\ED03	**ATA03.dwg**

1. 中心點 A 至弧 B 中心點距離為何？

2. 弧 C 半徑為何？

3. 區域 D 扣除內孔面積為何？

4. 區域 E 周長為何？

5. 圖形最外圍面積為何？

答案：❶96.8661 ❷52.7222 ❸933.6942 ❹117.4651 ❺4909.0864

305. 試繪出下圖並回答下列五個問題 .... □易 ☑中 □難

完成結果請依下表之資訊，儲存於指定路徑及檔名：

路徑	檔名
C:\ANS.CSF\ED03	**ATA03.dwg**

1. 弧 A 中心點至弧 B 中心點距離為何？

2. 端點 C 至端點 D 距離為何？

3. 區域 E 扣除內孔面積為何？

4. 中點 F 至交點 G 角度為何？

5. 圖形最外圍面積為何？

答案：❶149.5212 ❷124.6628 ❸12564.5838 ❹132.4263 ❺15170.9278

306. 試繪出下圖並回答下列五個問題 .... □易☑中□難

完成結果請依下表之資訊，儲存於指定路徑及檔名：

路徑	檔名
C:\ANS.CSF\ED03	**ATA03.dwg**

1. 交點 A 至中心點 B 距離為何？

2. 交點 C 至中心點 D 距離為何？

3. 正方形 E 周長為何？

4. 交點 F 至交點 G 距離為何？

5. 斜線區域面積為何？

答案：❶102.4277 ❷58.1405 ❸157.8025 ❹83.0492 ❺4408.3792

307. 試繪出下圖並回答下列五個問題 .... ☐易 ☑中 ☐難

完成結果請依下表之資訊，儲存於指定路徑及檔名：

路徑	檔名
C:\ANS.CSF\ED03	**ATA03.dwg**

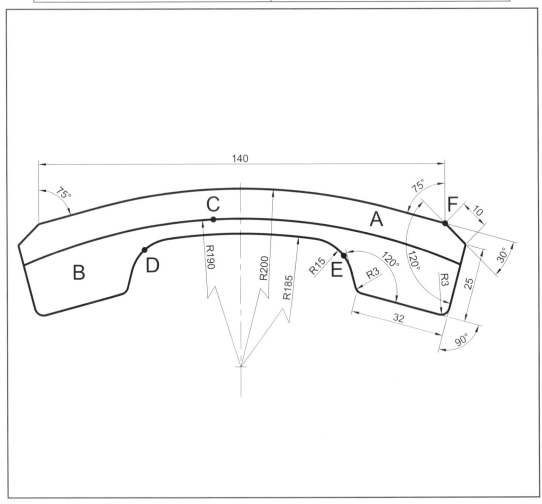

1. 區域 A 面積為何？

2. 區域 B 周長為何？

3. 弧 C 夾角為何？

4. 弧 D 至弧 E 中心點距離為何？

5. 交點 F 至弧 D 中心點距離為何？

🏆答案：❶1565.2718 ❷351.9501 ❸46.6683 ❹46.7015 ❺95.4504

308. 試繪出下圖並回答下列五個問題 ⋯⋯⋯⋯⋯⋯ □易☑中□難

完成結果請依下表之資訊，儲存於指定路徑及檔名：

路徑	檔名
C:\ANS.CSF\ED03	**ATA03.dwg**

1. 交點 A 至交點 B 距離為何？

2. 弧 C 中心點至弧 D 中心點距離為何？

3. 交點 E 至中點 F 距離為何？

4. 圖形高度為何？

5. 圖形最外圍面積為何？

答案：❶181.7381 ❷95.8968 ❸161.2281 ❹184.8047 ❺10888.9798

309. 試繪出下圖並回答下列五個問題 ⋯⋯⋯⋯⋯⋯ □易 ☑中 □難

完成結果請依下表之資訊，儲存於指定路徑及檔名：

路徑	檔名
C:\ANS.CSF\ED03	**ATA03.dwg**

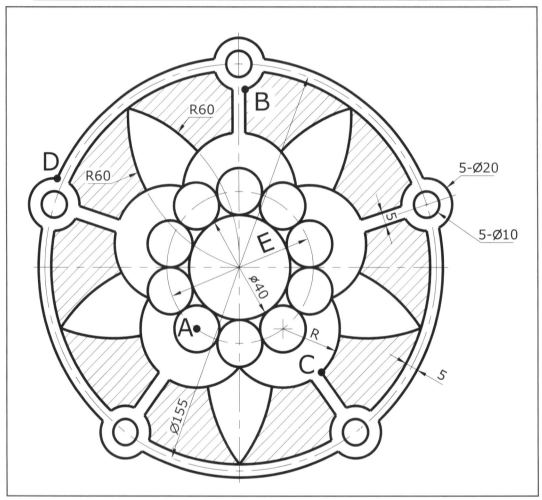

1. 中心點 A 至交點 B 垂直距離為何？

2. 交點 C 至交點 D 水平距離為何？

3. 斜線區域面積為何？

4. 尺寸 E 為何？

5. 圖形最外圍周長為何？

答案：❶91.2339 ❷104.5568 ❸7091.1787 ❹57.8885 ❺542.2316

310. 試繪出下圖並回答下列五個問題 .... □易 ☑中 □難

完成結果請依下表之資訊，儲存於指定路徑及檔名：

路徑	檔名
C:\ANS.CSF\ED03	**ATA03.dwg**

1. 弧 A 半徑為何？

2. 區域 B 尚長為何？

3. 弧 C 長度為何？

4. 區域 D 扣除內孔面積為何？

5. 中點 E 至中心點 F 距離為何？

答案：❶13.3066 ❷212.8395 ❸111.3373 ❹16648.2194 ❺188.2630

4-2-4 第四類：玩具與生活用品應用

本書範例題目內容為認證題型與命題方向之示範，正式測驗試題不以範例題目為限。

401. 試繪出下圖並回答下列五個問題 .... □易 ☑中 □難

完成結果請依下表之資訊，儲存於指定路徑及檔名：

路徑	檔名
C:\ANS.CSF\ED04	**ATA04.dwg**

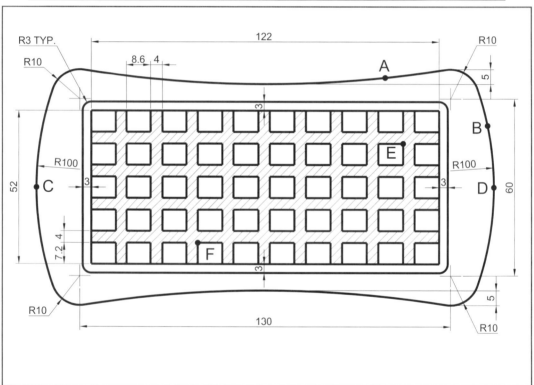

1. 弧 A 夾角為何？

2. 弧 B 長度為何？

3. 中點 C 至中點 D 水平距離為何？

4. 交點 E 至交點 F 距離為何？

5. 斜線區域面積為何？

答案：❶17.5948 ❷67.9674 ❸160.2944 ❹79.0918 ❺3248.0000

402. 試繪出下圖並回答下列五個問題 ⋯⋯⋯⋯⋯⋯⋯ □易 ☑中 □難

完成結果請依下表之資訊，儲存於指定路徑及檔名：

路徑	檔名
C:\ANS.CSF\ED04	**ATA04.dwg**

1. 中點 A 至中點 B 距離為何？

2. 弧 C 至弧 D 中心點距離為何？

3. 交點 E 至弧 F 中心點距離為何？

4. 區域 G 扣除內孔面積為何？

5. 圖形最外圍面積為何？

答案：❶101.5168 ❷201.7252 ❸435.4720 ❹6084.9363 ❺13512.1579

403. 試繪出下圖並回答下列五個問題 .... □易 ☑中 □難

完成結果請依下表之資訊，儲存於指定路徑及檔名：

路徑	檔名
C:\ANS.CSF\ED04	**ATA04.dwg**

1. 交點 A 至端點 B 角度為何？

2. 交點 C 至端點 D 距離為何？

3. 區域 F 與區域 G 皆扣除內孔後面積為何？

4. 斜線區域面積為何？

5. 圖形最外圍面積為何？

答案：❶215.7375 ❷133.2786 ❸5956.5970 ❹3228.3231 ❺18373.4262

404. **試繪出下圖並回答下列五個問題** .... □易 ☑中 □難

完成結果請依下表之資訊，儲存於指定路徑及檔名：

路徑	檔名
C:\ANS.CSF\ED04	**ATA04.dwg**

左上側圖形相切說明　　　右側橢圓局部放大圖

1. 交點 A 至中心點 B 距離為何？

2. 斜線區域面積為何？

3. 區域 D 扣除內孔面積為何？

4. 弧 E 中心點至中點 F 距離為何？

5. 區域 G 扣除內部橢圓面積為何？

答案：❶99.4766 ❷845.4299 ❸1609.1404 ❹94.0286 ❺865.3672

405. 試繪出下圖並回答下列五個問題 .... □易☑中□難

完成結果請依下表之資訊，儲存於指定路徑及檔名：

路徑	檔名
C:\ANS.CSF\ED04	**ATA04.dwg**

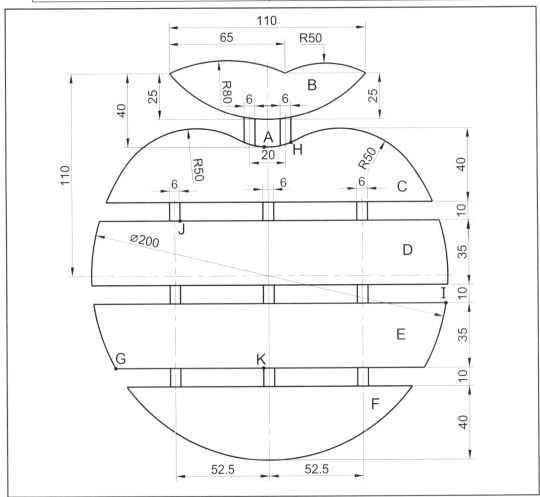

1. 弧 A 長度為何？

2. 區域 B 周長為何？

3. 區域 C+D+E+F 面積為何？

4. 交點 G 至交點 H 距離為何？

5. ∠IJK 角度為何？

答案：❶34.2970 ❷238.1872 ❸23755.3983 ❹157.8856 ❺42.9602

406. 試繪出下圖並回答下列五個問題 .... □易☑中□難

完成結果請依下表之資訊，儲存於指定路徑及檔名：

路徑	檔名
C:\ANS.CSF\ED04	**ATA04.dwg**

1. 交點 A 至交點 B 距離為何？

2. 交點 C 至交點 D 距離為何？

3. 區域 E 扣除內孔面積為何？

4. 中點 F 至交點 G 角度為何？

5. 圖形最外圍周長為何？

答案：❶82.9200 ❷150.9466 ❸5786.7842 ❹317.1928 ❺399.0032

407. 試繪出下圖並回答下列五個問題 ⋯⋯⋯⋯⋯⋯ □易 ☑中 □難

完成結果請依下表之資訊，儲存於指定路徑及檔名：

路徑	檔名
C:\ANS.CSF\ED04	**ATA04.dwg**

1. 中心點 A 至弧 B 中心點距離為何？

2. 弧 B 長度為何？

3. 區域 D 斜線面積為何？

4. 區域 E 周長為何？

5. 弧 F 至弧 G 中心點距離為何？

答案：❶157.3622 ❷23.5223 ❸4140.6799 ❹420.2203 ❺248.7071

408. 試繪出下圖並回答下列五個問題 .... □易☑中□難

完成結果請依下表之資訊，儲存於指定路徑及檔名：

路徑	檔名
C:\ANS.CSF\ED04	**ATA04.dwg**

凡未註明的圓角均為R3

1. 區域 A 扣除內孔面積為何？

2. 區域 B 扣除內孔面積為何？

3. 弧 C 半徑為何？

4. 區域 D 扣除按鍵面積為何？

5. 交點 E 至弧 C 中心點距離為何？

答案：❶900.0000 ❷2882.9090 ❸205.6667 ❹5361.8388 ❺270.4478

409. 試繪出下圖並回答下列五個問題 ....□易☑中□難

完成結果請依下表之資訊，儲存於指定路徑及檔名：

路徑	檔名
C:\ANS.CSF\ED04	**ATA04.dwg**

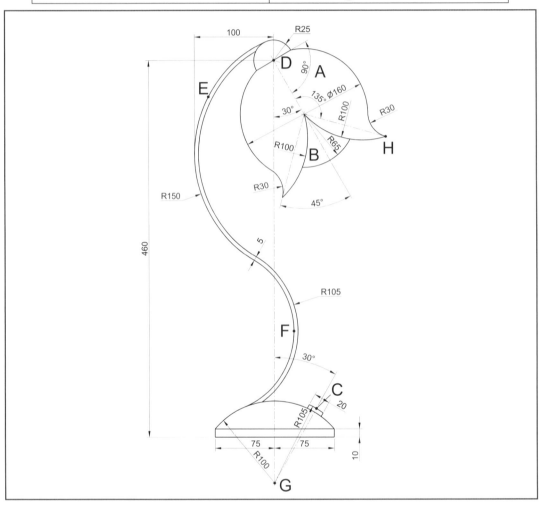

1. 區域 A 面積為何？

2. 區域 B 周長為何？

3. 中點 C 至中心點 D 距離為何？

4. 弧 E 中心點至弧 F 中心點垂直距離為何？

5. 中心點 G 至交點 H 距離為何？

答案：❶17359.3458 ❷205.0501 ❸428.4399 ❹216.3112 ❺445.5791

410. 試繪出下圖並回答下列五個問題 ⋯⋯⋯⋯⋯⋯ □易☑中□難

完成結果請依下表之資訊，儲存於指定路徑及檔名：

路徑	檔名
C:\ANS.CSF\ED04	**ATA04.dwg**

1. 弧 A 至弧 B 中心點距離為何？

2. 區域 C 周長為何？

3. 端點 D 至弧 E 四分點距離為何？

4. 四分點 F 至交點 G 距離為何？

5. 圖形最外圍（不含鬍鬚）扣除眼睛、鼻子的面積為何？

答案：❶263.2184 ❷713.2847 ❸152.6434 ❹222.0435 ❺27569.0315

4-2-5 第五類：機械設計應用

本書範例題目內容為認證題型與命題方向之示範，正式測驗試題不以範例題目為限。

 501. 試繪出下圖並回答下列五個問題 .... □易 ☑中 □難

完成結果請依下表之資訊，儲存於指定路徑及檔名：

路徑	檔名
C:\ANS.CSF\ED05	**ATA05.dwg**

1. 中心點 A 至中心點 B 距離為何？

2. 弧 C 中心點與弧 D 中心點距離為何？

3. 區域 E 扣除內孔面積為何？

4. 端點 F 至端點 G 角度為何？

5. 灰底（區域 H 扣除內孔）面積為何？

答案：❶66.6824 ❷167.3809 ❸2160.8513 ❹219.7446 ❺5316.6264

502. 試繪出下圖並回答下列五個問題 .... □易 ☑中 □難

完成結果請依下表之資訊，儲存於指定路徑及檔名：

路徑	檔名
C:\ANS.CSF\ED05	**ATA05.dwg**

1. 圓形 A 直徑為何？

2. 端點 B 至端點 C 距離為何？

3. 區域 D 扣除內孔面積為何？

4. 中點 E 至弧 F 中心點角度為何？

5. 區域 G 與區域 H 皆扣除內孔後面積為何？

答案：❶82.0101 ❷111.0371 ❸6947.1363 ❹298.1605 ❺5403.3582

503. 試繪出下圖並回答下列五個問題 ⋯⋯⋯⋯⋯⋯ □易 ☑中 □難

完成結果請依下表之資訊，儲存於指定路徑及檔名：

路徑	檔名
C:\ANS.CSF\ED05	**ATA05.dwg**

1. 圖形最大直徑 A 為何？

2. 區域 B 扣除內孔面積為何？

3. 區域 C 周長為何？

4. 區域 D 周長為何？

5. 圖形最外圍面積為何？

答案：❶266.1435 ❷13621.8213 ❸910.5599 ❹174.4251 ❺37908.0931

504. 試繪出下圖並回答下列五個問題 .... □易 ☑中 □難

完成結果請依下表之資訊，儲存於指定路徑及檔名：

路徑	檔名
C:\ANS.CSF\ED05	**ATA05.dwg**

1. 半徑 R 為何？

2. 交點 A 至交點 B 距離為何？

3. 中心點 C 至中心點 D 距離為何？

4. 區域 E 扣除內孔面積為何？

5. 圖形最外圍周長為何？

答案：❶89.4900 ❷201.0215 ❸255.7168 ❹2268.7749 ❺4979.3694

505. 試繪出下圖並回答下列五個問題 .... □易 ☑中 □難

完成結果請依下表之資訊，儲存於指定路徑及檔名：

路徑	檔名
C:\ANS.CSF\ED05	**ATA05.dwg**

1. 尺寸 A 長度為何？

2. 區域 B 周長為何？

3. 區域 C 扣除內孔面積為何？

4. 區域 D 扣除內孔面積為何？

5. 中心點 E 至端點 F 距離為何？

答案：❶169.2538 ❷176.6796 ❸6393.3638 ❹5941.5174 ❺118.6239

506. 試繪出下圖並回答下列五個問題 .... □易☑中□難

完成結果請依下表之資訊，儲存於指定路徑及檔名：

路徑	檔名
C:\ANS.CSF\ED05	**ATA05.dwg**

1. 圖形最大高度為何？

2. 區域 A 扣除內孔面積為何？

3. 中心點 B 至交點 C 距離為何？

4. 中點 D 至端點 E 距離為何？

5. 圖形最外圍面積為何？

答案：❶196.3148 ❷2857.2691 ❸160.1087 ❹134.1428 ❺21705.8414

507. 試繪出下圖並回答下列五個問題 .... □易☑中□難

完成結果請依下表之資訊，儲存於指定路徑及檔名：

路徑	檔名
C:\ANS.CSF\ED05	**ATA05.dwg**

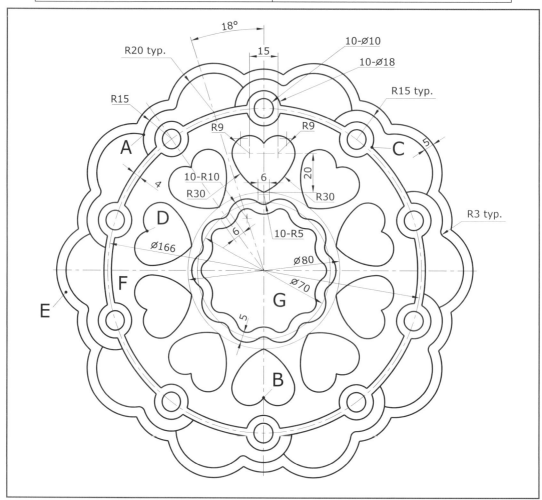

1. 交點 A 至交點 B 距離為何？

2. 交點 C 至交點 D 距離為何？

3. 區域 E 周長為何？

4. 區域 F 扣除內孔面積為何？

5. 區域 G 面積為何？

答案：❶148.5818 ❷126.2435 ❸1428.6497 ❹8704.7267 ❺2979.5704

508. 試繪出下圖並回答下列五個問題 ⋯⋯⋯⋯⋯⋯ ☐易 ☑中 ☐難

完成結果請依下表之資訊，儲存於指定路徑及檔名：

路徑	檔名
C:\ANS.CSF\ED05	**ATA05.dwg**

齒輪右上角局部放大圖

1. 弧 A 中心點至交點 B 距離為何？

2. 交點 C 至交點 D 距離為何？

3. 斜線區域面積為何？

4. 區域 E 扣除內孔面積為何？

5. 圖形最外圍周長為何？

答案：❶73.3454 ❷95.1908 ❸324.7278 ❹870.0348 ❺318.9190

509. 試繪出下圖並回答下列五個問題 ‥‥‥‥‥‥‥ □易 ☑中 □難

完成結果請依下表之資訊，儲存於指定路徑及檔名：

路徑	檔名
C:\ANS.CSF\ED05	**ATA05.dwg**

1. 交點 A 至交點 B 角度為何？

2. 中點 C 至中心點 D 距離為何？

3. 區域 E 面積為何？

4. 區域 F 扣除內孔面積為何？

5. 圖形最外圍面積為何？

答案：❶276.6174 ❷28.6265 ❸448.5265 ❹1570.0607 ❺4300.8730

510. 試繪出下圖並回答下列五個問題 .... □易 ☑中 □難

完成結果請依下表之資訊，儲存於指定路徑及檔名：

路徑	檔名
C:\ANS.CSF\ED05	**ATA05.dwg**

詳圖一

1. 交點 A 至弧 B 中心點距離為何？

2. 弧 C 中心點至端點 D 距離為何？

3. 中心點 E 至中點 F 角度為何？

4. 區域 G 扣除內孔面積為何？

5. 圖形最外圍面積為何？

答案：❶95.5650 ❷68.4147 ❸235.9073 ❹2419.4484 ❺7837.9057

4-2-6　第六類：建築與室內設計應用

本書範例題目內容為認證題型與命題方向之示範，正式測驗試題不以範例題目為限。

601. 試繪出下圖並回答下列五個問題 .... □易 □中 ☑難

完成結果請依下表之資訊，儲存於指定路徑及檔名：

路徑	檔名
C:\ANS.CSF\ED06	**ATA06.dwg**

1. 交點 A 至交點 B 距離為何？

2. 交點 C 至交點 D 距離為何？

3. 剖面區域 E 面積為何？

4. 剖面區域 F 面積為何？

5. 圖形最外圍面積為何？

答案：❶860.6720 ❷653.3202 ❸32688.0000 ❹50084.3333 ❺361890.0000

602. 試繪出下圖並回答下列五個問題 ⋯⋯⋯⋯⋯⋯ □易□中☑難

完成結果請依下表之資訊，儲存於指定路徑及檔名：

路徑	檔名
C:\ANS.CSF\ED06	**ATA06.dwg**

1. 中點 A 至交點 B 距離為何？

2. 中點 C 至交點 D 距離為何？

3. 區域 E 面積為何？

4. 中點 F 至中心點 G 距離為何？

5. 圖形最外圍面積為何？

答案：❶537.3259 ❷499.3576 ❸6196.2817 ❹423.9819 ❺419907.1598

603. 試繪出下圖並回答下列五個問題 .... □易□中☑難

完成結果請依下表之資訊，儲存於指定路徑及檔名：

路徑	檔名
C:\ANS.CSF\ED06	**ATA06.dwg**

1. 交點 A 至端點 B 距離為何？

2. 交點 C 至弧 D 中心點距離為何？

3. 區域 G 面積為何？

4. 交點 E 至四分點 F 距離為何？

5. 圖形扣除內孔面積為何？

答案：❶91.9239 ❷80.7035 ❸427.3399 ❹96.3813 ❺2004.9858

604. 試繪出下圖並回答下列五個問題 .... □易□中☑難

完成結果請依下表之資訊，儲存於指定路徑及檔名：

路徑	檔名
C:\ANS.CSF\ED06	**ATA06.dwg**

1. 中點 A 至中點 B 距離為何？

2. 斜線區域面積為何？

3. 交點 C 至交點 D 高度為何？

4. 區域 E 扣除內孔面積為何？

5. 區域 F 扣除內孔面積為何？

答案：❶155.0372 ❷5850.0000 ❸110.8821 ❹5400.0000 ❺2249.0432

605. 試繪出下圖並回答下列五個問題 ....□易□中☑難

完成結果請依下表之資訊，儲存於指定路徑及檔名：

路徑	檔名
C:\ANS.CSF\ED06	**ATA06.dwg**

1. 區域 A 淨面積為何？

2. 區域 B 周長為何？

3. 交點 C 至交點 D 距離為何？

4. 交點 E 至交點 F 距離為何？

5. 斜線區域面積為何？

答案：❶42868.1806 ❷342.4738 ❸200.3118 ❹347.5464 ❺1980.1461

606. 試繪出下圖並回答下列五個問題 ⋯⋯⋯⋯⋯⋯⋯ □易□中☑難

完成結果請依下表之資訊，儲存於指定路徑及檔名：

路徑	檔名
C:\ANS.CSF\ED06	**ATA06.dwg**

1. 區域 A 周長為何？

2. 區域 B 面積為何？

3. 區域 C 周長為何？

4. 弧 D 中心點至弧 E 中心點距離為何？

5. 圖形最外圍面積為何？

答案：❶241.2301 ❷2477.4835 ❸689.2216 ❹272.9962 ❺32001.0348

607. 試繪出下圖並回答下列五個問題 .... □易□中☑難

完成結果請依下表之資訊，儲存於指定路徑及檔名：

路徑	檔名
C:\ANS.CSF\ED06	**ATA06.dwg**

局部詳圖

1. 中點 A 至弧 B 中心點距離為何？

2. 區域 C 扣除內孔面積為何？

3. 區域 D 周長為何？

4. 弧 E 夾角為何？

5. 圖形最外圍面積為何？

答案：❶188.9524 ❷7537.1515 ❸609.2789 ❹46.5675 ❺12763.5388

608. 試繪出下圖並回答下列五個問題 .... □易□中☑難

完成結果請依下表之資訊，儲存於指定路徑及檔名：

路徑	檔名
C:\ANS.CSF\ED06	**ATA06.dwg**

1. 交點 A 至交點 B 距離為何？

2. 斜線區域面積為何？

3. 區域 C 扣除內孔面積為何？

4. 尺寸 D 為何？

5. 交點 E 至交點 F 距離為何？

答案：❶123.9767 ❷3322.5201 ❸8842.1400 ❹13.9645 ❺143.7604

609. 試繪出下圖並回答下列五個問題 .... □易□中☑難

完成結果請依下表之資訊，儲存於指定路徑及檔名：

路徑	檔名
C:\ANS.CSF\ED06	**ATA06.dwg**

1. 端點 A 至弧 B 中心點距離為何？

2. 交點 C 至弧 D 中心點距離為何？

3. 區域 E 的周長為何？

4. 弧 F 至弧 G 中心點的距離為何？

5. 圖形最外圍扣除把手孔面積為何？

答案：❶107.2803 ❷86.5992 ❸225.0539 ❹106.9654 ❺9002.7438

610. 試繪出下圖並回答下列五個問題 .... □易□中☑難

完成結果請依下表之資訊，儲存於指定路徑及檔名：

路徑	檔名
C:\ANS.CSF\ED06	**ATA06.dwg**

1. 交點 A 至交點 B 距離為何？

2. 中點 C 至中點 D 距離為何？

3. 區域 E+F+G 扣除內孔面積為何？

4. 交點 H 至交點 I 距離為何？

5. 圖形最外圍面積為何？

答案：❶609.3848 ❷461.4972 ❸164500.0000 ❹543.3004 ❺455584.7559

心 得 筆 記

5

測驗系統操作說明

5-1　TQC+ 認證測驗系統-Client 端程式安裝流程

步驟一：　執行附書光碟，選擇「安裝 TQC+ 認證測驗系統-Client 端程式」，開
　　　　　始安裝程序。(或執行光碟中的 T3 ExamClient 單機版 setup.exe 檔案)

步驟二：　在詳讀「授權合約」後，若您接受合約內容，請按「接受」鈕繼續
　　　　　安裝。

步驟三： 輸入「使用者姓名」與「單位名稱」後，請按「下一步」鈕繼續安裝。

步驟四： 可指定安裝磁碟路徑將系統安裝至任何一台磁碟機，惟安裝路徑必須為該磁碟機根目錄下的《ExamClient.csf》資料夾。安裝所需的磁碟空間約 63.0MB。

步驟五： 本系統預設之「程式集捷徑」在「開始/所有程式」資料夾第一層，
名稱為「CSF 技能認證體系」。

（註：在 Windows 8 Professional 中，系統在「[開始]畫面/所有應用程式/應用
程式」內的資料夾第一層捷徑名稱為「CSF 技能認證體系」）

步驟六： 安裝前相關設定皆完成後，請按「安裝」鈕，開始安裝。

步驟七： 以上的項目在安裝完成之後，安裝程式會詢問您是否要執行版本的更新檢查，請按「下一步」鈕。建議您執行本項操作，以確保「TQC+認證測驗系統-Client 端程式（電腦輔助平面製圖 AutoCAD 2016 模擬測驗）」為最新的版本。

步驟八： 接下來進行版本的比對，請按下「下一步」鈕。

步驟九： 更新完成後，請按下「關閉」鈕。

步驟十： 安裝完成！您可以透過提示視窗內的客戶服務機制說明，取得關於
本項產品的各項服務。按下「完成」鈕離開安裝畫面。

5-2　程式權限及使用者帳戶設定

一、系統管理員權限設定，請依以下步驟完成：

步驟一：　於「TQC+ 認證測驗系統-Client 端程式」桌面捷徑圖示按下滑鼠右
鍵，點選「內容」。

步驟二：　選擇「相容性」標籤，勾選「以系統管理員的身分執行此程式」，按
下「確定」後完成設定。

❖ 註：若要避免每次執行都會出現權限警告訊息，請參考下一頁使
用者帳戶控制設定。

二、使用者帳戶設定方式如下：

步驟一： 點選「控制台/使用者帳戶和家庭安全/使用者帳戶」。

步驟二： 進入「變更使用者帳戶控制設定」。

步驟三： 開啟「選擇電腦變更的通知時機」，將滑桿拉至「不要通知」。

步驟四： 按下「確定」後，請務必重新啟動電腦以完成設定。

5-3　測驗操作程序範例

在測驗之前請熟讀「5-3-1 測驗注意事項」，瞭解測驗的一般規定及限制，以免失誤造成扣分。

熟悉系統與週邊裝置操作

登入認證測驗系統（輸入身分證統一編號）

閱覽注意事項

進行操作題測驗

開啓電子試卷或是紙本試卷，依題目要求作答

依題號填入正確答案值，
並依題目要求儲存作答實體檔案

結束認證

5-3-1 測驗注意事項

一、電腦輔助平面製圖 AutoCAD 2016 認證：

本認證分測驗題及操作題兩大部分，總分為 100 分。測驗題單、複選混合共 20 題，每題 1 分，共 20 分。操作題第一至六類各考一題，共六大題三十小題，第一大題至第三大題每題 10 分，第四大題至第五大題每題 15 分，第六大題 20 分，共 80 分，滿分 100 分。於認證時間 100 分鐘內依題目要求繪圖並求取相關圖元資訊，成績加總達 70 分（含）以上者該科合格。

二、執行桌面的「TQC+ 認證測驗系統-Client 端程式」，請依指示輸入：

1. 試卷編號，如 AT6-0001，即輸入「AT6-0001」。

2. 進入測驗準備畫面，聽候監考老師口令開始測驗。

3. 測驗開始，測驗程式開始倒數計時，請依照題目指示作答。

4. 計時終了無法再作答及修改，請聽從監考人員指示。

三、聽候監考人員指示。有任何問題請舉手發問，切勿私下交談。

5-3-2　測驗操作演示

　　現在我們假設考生甲報考的是電腦輔助平面製圖 AutoCAD 2016 的認證，試卷編號為 AT6-0001。（✤ 註：本書「第六章　範例試卷」中，內含三回試卷可供使用者模擬實際認證測驗之情況，登入系統時，請以本書所提供之試卷編號作為考試帳號，但實際報考進行測驗時，則會使用考生的身分證統一編號，請考生特別注意。）

步驟一：　開啟電源，從硬碟 C 開機。

步驟二：　進入 Windows 作業系統及週邊環境熟悉操作。

步驟三：　執行桌面的「TQC+ 認證測驗系統-Client 端程式」程式項目。

步驟四：　請輸入測驗試卷編號「AT6-0001」按下「登錄」鈕。

步驟五：　請詳細閱讀「測驗注意事項」後，按下「開始」鍵。

步驟六： 再按下「開始」鍵，開始進行測驗題測驗。

步驟七： 請依照測驗題測驗系統指示逐題作答，考生可利用「下一題」及「上一題」進行作答題目之切換，視窗下緣會顯示「使用時間」及「測驗題總時間」。

每一道題目均會提示為單選題（以選鈕表示）或複選題（以核取方塊表示），該道題目若有附圖說明，可按下「查看附圖」作為答題之參考。若對某一題先前之輸入答案沒有把握，可按下「不作答」鈕清除該題原輸入之答案，或按下「註記」鈕將該題註記（如欲取消該題的註記即點選「取消註記」鈕）。

步驟八： 按下「試題全覽」鈕，即出現「試題全覽」窗格，除了以不同顏色
顯示未作答、已作答及考生註記的題目之外，也可點選該題號前往
該題。

步驟九： 若提早在 20 分鐘前做完測驗題題目，請確認作答無誤後，可按下測
驗系統右下角之「結束測驗題測驗」選項。此時系統會再次提醒您，
確認您是否要結束測驗題測驗，按「是」鈕，會結束測驗題測驗，
並將測驗題測驗所剩餘之時間累加至操作題測驗。

步驟十：　請按下「確定」鈕，開始進行操作題測驗。

步驟十一：　此時測驗程式會開啓一「操作題測驗」填答視窗，顯示本次測驗剩
　　　　　　餘時間，並開啓試題 PDF 檔。請自行載入「AutoCAD 2016」，依照
　　　　　　題目圖面繪製圖形，依照題目指示作答，並將答案填入作答視窗。
　　　　　　「查看考試說明文件」：可開啓本份試卷操作題題目的書面電子檔。
　　　　　　「下一題」「上一題」：可以切換欲輸入答案的題號，請對照題號輸
　　　　　　入正確的答案值。
　　　　　　提早作答完畢並確認作答及存檔無誤後，可按「操作題測驗」填答
　　　　　　視窗中的「結束操作題測驗」鈕，結束測驗。

步驟十二： 點選「操作題測驗」窗格中的「開啓試題資料夾」鈕，系統會自動
開啓 ANS.csf 資料夾，ANS.csf 資料夾內含各題的資料夾，請將第一
題的作答檔案儲存在 ED01 資料夾之內，其它各題以此類推。

步驟十三： 系統會再次提醒您是否確定要結束操作題測驗。

❖ 註：1.各題之繪圖檔必須依題目指示儲存於 C:\ANS.CSF\各指定資
料夾備查，作答測驗結束前必須自行存檔，並關閉所有答題
軟體工具，檔案名稱錯誤或未符合存檔規定及未自行存檔
者，得以零分計算。
2.若無法提早作答完成，請務必在時間結束前將已完成之部分
存檔完畢，並完全跳離答題軟體工具。

步驟十四： 評分結果將會列示螢幕上。評分結果上半部內容包含測驗題各題作
答狀況及測驗題得分。下半部內容為操作題各題填答狀況及得分。
此回測驗的總分顯示於畫面最下方。

❖ 註：1.本系統在進行系統更新之後，系統內容與畫面可能有所變
更，此為正常情形請放心使用！
2.此項為供使用者練習與自我評核之用，正式考試的畫面顯示
會有所差異。

心 得 筆 記

6

Chapter

範例試卷

範例試卷編號：AT6-0001

範例試卷編號：AT6-0002

範例試卷編號：AT6-0003

範例試卷標準答案

電腦輔助平面製圖AutoCAD 2016

範例試卷

【認證說明與注意事項】

一、本項考試包含測驗題及操作題，所需總時間為 100 分鐘，時間結束前需完成所有考試動作。成績計算滿分為 100 分，合格分數為 70 分。

二、測驗題考試時間為 20 分鐘，操作題考試時間為 80 分鐘，唯測驗題剩餘時間會加至操作題測驗時間。

三、測驗題為單、複選混合二十題，每題 1 分，小計 20 分。操作題為六大題三十小題，第一大題至第三大題每題 10 分、第四大題至第五大題每題 15 分、第六大題 20 分，小計 80 分。

四、測驗題直接出現於電腦螢幕，請依序作答。計時終了，所填入之答案將自動存檔，且不得再作更改。

五、操作題請按照題意作答，再將求取之答案輸入填答視窗中，請以實際數值取至小數點第四位輸入，多餘位數四捨五入。

六、操作題題意未要求修改之設定值，以原始設定為準，不需另設。計時終了，所填入之答案將自動存檔，且不得再作更改。

七、各題之繪圖檔必須依題目指示儲存於 C:\ANS.CSF\各指定資料夾備查，作答測驗結束前必須自行存檔，並關閉所有答題軟體工具，檔案名稱錯誤或未符合存檔規定及未自行存檔者，得以零分計算。

八、試卷內 0 為阿拉伯數字，O 為英文字母，作答時請先確認。所有滑鼠左右鍵位之訂定，以右手操作方式為準，操作者請自行對應鍵位。

九、有問題請舉手發問，切勿私下交談。

壹、測驗題 20%(為單、複選混合題，每題 1 分)

題目直接出現於電腦螢幕，請依序作答。

01. AutoCAD 2016 必須在下列那些作業系統下才可執行？（**複選**）
    (A) Windows XP
    (B) Windows Vista
    (C) Windows 7
    (D) Windows 8

02. 選集循環功能鍵開關設定，下列哪一項正確？
    (A) [Ctrl]+[R]
    (B) [Ctrl]+[S]
    (C) [Ctrl]+[T]
    (D) [Ctrl]+[W]

03. 「NEW 新圖/使用樣板」，下列哪些敘述正確？（**複選**）
    (A) 樣板的檔案類型是 DWT
    (B) 樣板的檔案類型是 DWF
    (C) 內定的樣板選單路徑可由「選項/檔案/圖面樣板檔位置」修改
    (D) 內定的樣板選單路徑可由「選項/系統/圖面樣板檔位置」修改

04. 「LINE 指令/指定下一點」後，若將[F8]正交模式打開，往 6 點鐘方向
    直接輸入 73.5，所得的結果與下列哪些相同？（**複選**）
    (A) @73.5<90
    (B) @73.5<-90
    (C) @0,-73.5
    (D) @73.5<270

05. 「編修指令/物件選取方式/窗選 W」的敘述，下列哪些正確？（**複選**）
    (A) 選框是實線框
    (B) 選框是虛線框
    (C) 「選取物件/直接由左而右拉框」
    (D) 「選取物件/直接由右而左拉框」

06. 關聯式陣列共有下列哪些類型？（**複選**）

    (A) 矩形陣列

    (B) 環形陣列

    (C) 路徑陣列

    (D) 傘狀陣列

07. 當 ZOOM 與 PAN 到極限無法動作時，下列哪些指令或快捷鍵可完成？

    （**複選**）

    (A) REGEN

    (B) REDRAW

    (C) RE

    (D) R

08. 關於 TEXT 指令的敘述，下列哪些正確？（**複選**）

    (A) DTEXT 等於 TEXT

    (B) DTEXT 不等於 TEXT

    (C) 快捷鍵是 DT

    (D) 快捷鍵是 T

09. 公制的填充線樣式檔的檔名為下列哪一項？

    (A) ACADISO.PGP

    (B) ACAD.PGP

    (C) ACADISO.PAT

    (D) ACAD.PAT

10. 關於圖層性質管理員的敘述，下列哪些正確？（**複選**）

    (A) 快捷鍵是 LA

    (B) 快捷鍵是 LAY

    (C) 工具圖示是

    (D) 工具圖示是

11. 關於 BLOCK 建立內部圖塊，下列哪些敘述正確？（**複選**）
    (A) 沒有用的內部圖塊可用 PURGE 清除
    (B) 沒有用的內部圖塊不會增加圖檔大小
    (C) 內部圖塊可透過 INSERT 指令插入其他圖面
    (D) 內部圖塊可透過工具選項板拖曳插入其他圖面

12. 關於標註型式管理員指令，下列哪些正確？（**複選**）
    (A) 指令是 DSTYLE
    (B) 指令是 DIMSTYLE
    (C) 快捷鍵是 D
    (D) 快捷鍵是 DS

13. 在模型空間與圖紙空間作視埠分割，下列哪些敘述正確？（**複選**）
    (A) 模型空間的視埠分割可建立具名的視埠，配置空間不行
    (B) 配置空間的視埠分割可建立具名的視埠，模型空間不行
    (C) 模型空間的視埠之間可以建立間距，配置空間不行
    (D) 配置空間的視埠之間可以建立間距，模型空間不行

14. 欲查詢與瀏覽所有的 AutoCAD 系統變數，下列哪些操作可完成？（**複選**）
    (A) 「[F1]/系統變數」
    (B) 「YSVAR/ALL」
    (C) 「SETVAR/?/*」
    (D) 「SETVAR/*/?」

15. 欲啟動設計中心，下列哪些操作正確？（**複選**）
    (A) 工具圖示是 ▦
    (B) 工具圖示是 ▣
    (C) 功能鍵開關是[Ctrl]+[2]
    (D) 功能鍵開關是[Ctrl]+[F2]

16. 關於 AutoCAD Express Tools 安裝，下列哪些敘述正確？（**複選**）
    (A) 安裝 AutoCAD 的同時，會自動安裝 AutoCAD Express Tools
    (B) 安裝 AutoCAD 的同時，可控制是否安裝 AutoCAD Express Tools
    (C) AutoCAD Express Tools 只提供英文版本
    (D) 必須先安裝 AutoCAD 才能安裝 AutoCAD Express Tools

17. 欲在 AutoCAD 內呼叫外部應用程式（EXCEL、WORD、CALC…等）可在指令區執行下列哪一項指令？
    (A) PROGN
    (B) START
    (C) SELECT
    (D) GOTO

18. 關於圖紙集功能，下列哪些敘述正確？（**複選**）
    (A) 圖紙集是數個圖檔中圖紙的有組織且具名的集合
    (B) 一張圖紙是圖檔中的一個選取的配置
    (C) 使用圖紙集管理員可以輕鬆的建立、組織與管理圖紙
    (D) 圖檔中的模型空間亦可被匯入圖紙集當成一張圖紙

19. 關於錄製巨集的指令與快捷鍵，下列哪些正確？（**複選**）
    (A) 指令是 ACTRECORD
    (B) 指令是 AETRECORD
    (C) 快捷鍵是 ARR
    (D) 快捷鍵是 ACT

20. AutoCAD 雲端線上協同作業在下列哪一項頁籤？
    (A) A360
    (B) AutoCAD On-Line
    (C) AutoCAD 360
    (D) Autodesk On-Line

貳、操作題 80%(第一至第三題每題 10 分、第四至第五題每題 15 分、第六題 20 分)

請依照試卷指示繪圖、求取相關資料,並依題號將資料填入填答視窗中,詳細作答方式請參考注意事項五,若作答方式錯誤將會影響評分結果。

一、試繪出下圖並回答下列五個問題(10 分,每小題 2 分)

完成結果請依下表之資訊,儲存於指定路徑及檔名:

路徑	檔名
C:\ANS.CSF\ED01	**ATA01.dwg**

1. 交點 A 至交點 B 距離為何?＿＿＿＿＿＿＿＿＿＿＿＿＿＿＿

2. 交點 C 至交點 D 垂直距離為何?＿＿＿＿＿＿＿＿＿＿＿＿＿

3. 區域 E 面積為何?＿＿＿＿＿＿＿＿＿＿＿＿＿＿＿＿＿＿＿

4. 區域 F 扣除內孔面積為何?＿＿＿＿＿＿＿＿＿＿＿＿＿＿＿

5. 圖形最外圍面積為何?＿＿＿＿＿＿＿＿＿＿＿＿＿＿＿＿＿

二、 試繪出下圖並回答下列五個問題（10分，每小題2分）

完成結果請依下表之資訊，儲存於指定路徑及檔名：

路徑	檔名
C:\ANS.CSF\ED02	ATA02.dwg

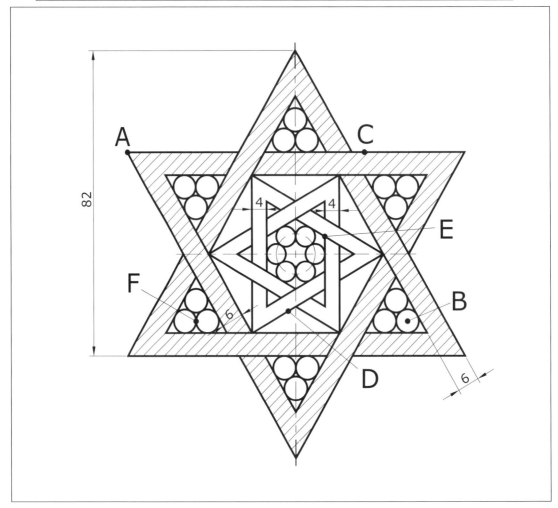

6. 交點 A 至中心點 B 距離為何？＿＿＿＿＿＿＿＿＿＿＿＿＿＿＿＿＿＿＿＿＿＿

7. 中點 C 至中點 D 角度為何？＿＿＿＿＿＿＿＿＿＿＿＿＿＿＿＿＿＿＿＿＿＿

8. 斜線區域面積為何？＿＿＿＿＿＿＿＿＿＿＿＿＿＿＿＿＿＿＿＿＿＿＿＿＿

9. 交點 E 至交點 F 角度為何？＿＿＿＿＿＿＿＿＿＿＿＿＿＿＿＿＿＿＿＿＿＿

10. 圖面中所有圓的總面積為何？＿＿＿＿＿＿＿＿＿＿＿＿＿＿＿＿＿＿＿＿＿

三、試繪出下圖並回答下列五個問題（10分，每小題2分）

完成結果請依下表之資訊，儲存於指定路徑及檔名：

路徑	檔名
C:\ANS.CSF\ED03	**ATA03.dwg**

11. 交點 A 至交點 B 距離為何？ _____

12. 交點 C 至父點 D 角度為何？ _____

13. 斜線區域面積為何？ _____

14. 區域 E 周長為何？ _____

15. 圖形最外圍面積為何？ _____

四、 試繪出下圖並回答下列五個問題（15 分，每小題 3 分）

完成結果請依下表之資訊，儲存於指定路徑及檔名：

路徑	檔名
C:\ANS.CSF\ED04	ATA04.dwg

16. 弧 A 夾角為何？＿＿＿＿＿＿＿＿＿＿＿＿＿＿＿＿＿＿＿＿＿＿＿

17. 弧 B 長度為何？＿＿＿＿＿＿＿＿＿＿＿＿＿＿＿＿＿＿＿＿＿＿＿

18. 中點 C 至中點 D 水平距離為何？＿＿＿＿＿＿＿＿＿＿＿＿＿＿＿

19. 交點 E 至交點 F 距離為何？＿＿＿＿＿＿＿＿＿＿＿＿＿＿＿＿＿

20. 斜線區域面積為何？＿＿＿＿＿＿＿＿＿＿＿＿＿＿＿＿＿＿＿＿＿

五、 試繪出下圖並回答下列五個問題（15 分，每小題 3 分）

完成結果請依下表之資訊，儲存於指定路徑及檔名：

路徑	檔名
C:\ANS.CSF\ED05	**ATA05.dwg**

21. 中心點 A 至中心點 B 距離為何？＿＿＿＿＿＿＿＿＿＿＿＿＿＿＿＿＿＿＿＿

22. 弧 C 中心點與弧 D 中心點距離為何？＿＿＿＿＿＿＿＿＿＿＿＿＿＿＿＿＿＿

23. 區域 E 扣除內孔面積為何？＿＿＿＿＿＿＿＿＿＿＿＿＿＿＿＿＿＿＿＿＿＿

24. 端點 F 至端點 G 角度為何？＿＿＿＿＿＿＿＿＿＿＿＿＿＿＿＿＿＿＿＿＿＿

25. 灰底（區域 H 扣除內孔）面積為何？＿＿＿＿＿＿＿＿＿＿＿＿＿＿＿＿＿＿

六、 試繪出下圖並回答下列五個問題（20分，每小題4分）

完成結果請依下表之資訊，儲存於指定路徑及檔名：

路徑	檔名
C:\ANS.CSF\ED06	**ATA06.dwg**

26. 交點 A 至交點 B 距離為何？ _____

27. 交點 C 至交點 D 距離為何？ _____

28. 剖面區域 E 面積為何？ _____

29. 剖面區域 F 面積為何？ _____

30. 圖形最外圍面積為何？ _____

中華民國電腦技能基金會
Computer Skills Foundation

電腦輔助平面製圖 AutoCAD 2016
範例試卷

【認證說明與注意事項】

一、本項考試包含測驗題及操作題，所需總時間為 100 分鐘，時間結束前需完成所有考試動作。成績計算滿分為 100 分，合格分數為 70 分。

二、測驗題考試時間為 20 分鐘，操作題考試時間為 80 分鐘，唯測驗題剩餘時間會加至操作題測驗時間。

三、測驗題為單、複選混合二十題，每題 1 分，小計 20 分。操作題為六大題三十小題，第一大題至第三大題每題 10 分、第四大題至第五大題每題 15 分、第六大題 20 分，小計 80 分。

四、測驗題直接出現於電腦螢幕，請依序作答。計時終了，所填入之答案將自動存檔，且不得再作更改。

五、操作題請按照題意作答，再將求取之答案輸入填答視窗中，請以實際數值取至小數點第四位輸入，多餘位數四捨五入。

六、操作題題意未要求修改之設定值，以原始設定為準，不需另設。計時終了，所填入之答案將自動存檔，且不得再作更改。

七、各題之繪圖檔必須依題目指示儲存於 C:\ANS.CSF\各指定資料夾備查，作答測驗結束前必須自行存檔，並關閉所有答題軟體工具，檔案名稱錯誤或未符合存檔規定及未自行存檔者，得以零分計算。

八、試卷內 0 為阿拉伯數字，O 為英文字母，作答時請先確認。所有滑鼠左右鍵位之訂定，以右手操作方式為準，操作者請自行對應鍵位。

九、有問題請舉手發問，切勿私下交談。

壹、測驗題 20%(為單、複選混合題，每題 1 分)

題目直接出現於電腦螢幕，請依序作答。

01. 安裝 AutoCAD 2016（64 位元），建議的記憶體大小？
    (A) 2GB
    (B) 4GB
    (C) 8GB
    (D) 16GB

02. 執行 QUIT 指令離開 AutoCAD 的快速鍵為下列哪一項？
    (A) [Ctrl]+[Q]
    (B) [Ctrl]+[U]
    (C) [Ctrl]+[X]
    (D) [Ctrl]+[S]

03. NEW 新圖後，預設的圖檔名為 Drawing1.dwg，此時按下[Ctrl]+[S]，下列哪一項敘述正確？
    (A) 直接快速儲存成 Drawing1.dwg
    (B) 出現另存新檔對話框要求儲存
    (C) 出現錯誤訊息
    (D) 自動關閉該圖檔

04. 「LINE 指令/指定下一點」後，若將[F8]正交模式打開，往 3 點鐘方向直接輸入下列哪些數值不會被接受？（**複選**）
    (A) 93+45
    (B) 93-45
    (C) 93*45
    (D) 93/45

05. 「編修指令/物件選取方式/框選 C」的敘述，下列哪些正確？（**複選**）
    (A) 選框是實線框
    (B) 選框是虛線框
    (C) 「選取物件/直接由左而右拉框」
    (D) 「選取物件/直接由右而左拉框」

06. 關聯式陣列的矩形陣列功能敘述，下列哪些正確？（**複選**）

(A) 指令是 ARRAYRECT

(B) 指令是 ARRAYRECTANG

(C) 可設定項目的 3D 層數與層距

(D) 無法設定項目的 3D 層數與層距

07. ZOOM 顯示控制指令，縮放至物件的副選項為下列哪一項？

(A) B

(B) T

(C) J

(D) O

08. TEXT 書寫文字時，下列哪些副選項可以將文字控制於二點之間？（**複選**）

(A) M

(B) A

(C) R

(D) F

09. 欲叫出建立填充線與漸層對話框，下列哪些操作正確？（**複選**）

(A) 「HATCH/S」

(B) 「HATCH/T」

(C) 「填充線頁籤/選項功能面板/面板對話框啟動器」

(D) 「填充線建立/性質面板/面板對話框啟動器」

10. 關於圖層性質管理員的錨定位置，下列哪些正確？（**複選**）

(A) 可錨定左側

(B) 可錨定右側

(C) 可錨定上方

(D) 可錨定下方

11. 圖塊建立時，選取後的物件有下列哪些處理方式？（**複選**）
    (A) 保留
    (B) 隱藏
    (C) 轉換為圖塊
    (D) 刪除

12. 標註型式管理員中若由 ISO-25 執行新建標註型式，下列哪些敘述正確？
    （**複選**）
    (A) 若選擇用於「所有標註」，則型式名稱可以自訂
    (B) 若選擇非用於「所有標註」，則型式名稱無法自訂
    (C) 若選擇用於「所有標註」，則表示為 ISO-25 的子型式
    (D) 若選擇非用於「所有標註」，則表示為 ISO-25 的子型式

13. 在配置頁籤按滑鼠右鍵，可執行下列哪些操作？（**複選**）
    (A) 匯出配置
    (B) 頁面設置管理員
    (C) 將配置匯出至模型
    (D) 出圖

14. 欲查詢與瀏覽所有與尺寸標註相關的系統變數，下列哪一項操作可完成？
    (A) 「SETVAR/DIM*」
    (B) 「SETVAR/DIM?」
    (C) 「SETVAR/?/DIM*」
    (D) 「SETVAR/*/DIM*」

15. 以設計中心展開某一圖檔後，可展開的具名物件共有幾項？
    (A) 9
    (B) 10
    (C) 11
    (D) 12

16. 在 AutoCAD 環境中，欲釋放 AutoCAD Express Tools，下列哪些指令正確？（**複選**）
    (A) CUILOAD
    (B) MENULOAD
    (C) DELEXPRESS
    (D) UNEXPRESS

17. AutoCAD 快捷鍵的定義檔案為下列哪一項？
    (A) ACAD.PAT
    (B) ACAD.PGP
    (C) ACADISO.PAT
    (D) CADISO.PGP

18. 關於圖紙集管理對專案的幫助，下列哪些敘述正確？（**複選**）
    (A) 可以將整個專案所需圖檔與圖面集中管理
    (B) 可以將整個專案發佈至繪圖機
    (C) 可以將整個專案發佈成*.DWF、*.DWFX、*.PDF 檔
    (D) 可以將整個專案相關檔案封存與電子傳送

19. 關於停止巨集的指令與快捷鍵，下列哪些正確？（**複選**）
    (A) 指令是 AETSTOP
    (B) 指令是 ACTSTOP
    (C) 快捷鍵是 ARS
    (D) 快捷鍵是 ACS

20. 關於 A360 的特性敘述，下列哪些正確？（**複選**）
    (A) 可在網路上共用、編輯和管理 AutoCAD 圖面
    (B) 本端圖面變更時，儲存在 A360 伺服器上的複本將會同步
    (C) 可透過有網頁瀏覽器的電腦或手機，存取和編輯線上複本
    (D) 多位使用者可即時進行協同合作，以同時檢視和編輯圖面

請依照試卷指示繪圖、求取相關資料，並依題號將資料填入填答視窗中，詳細作答方式請參考注意事項五，若作答方式錯誤將會影響評分結果。

一、試繪出下圖並回答下列五個問題（10 分，每小題 2 分）

完成結果請依下表之資訊，儲存於指定路徑及檔名：

路徑	檔名
C:\ANS.CSF\ED01	**ATA01.dwg**

左方圖形=右方圖形*0.75倍+鏡射

1. 交點 A 至交點 B 距離為何？ ＿＿＿＿＿＿＿＿＿＿＿＿＿＿＿＿＿＿

2. 交點 C 至交點 D 間距離為何？ ＿＿＿＿＿＿＿＿＿＿＿＿＿＿＿＿＿

3. 中心點 E 至交點 F 水平距離為何？ ＿＿＿＿＿＿＿＿＿＿＿＿＿＿＿

4. 區域 G 周長為何？ ＿＿＿＿＿＿＿＿＿＿＿＿＿＿＿＿＿＿＿＿＿

5. 圖形最外圍面積為何？ ＿＿＿＿＿＿＿＿＿＿＿＿＿＿＿＿＿＿＿＿

二、 繪出下圖並回答下列五個問題（10分，每小題2分）

完成結果請依下表之資訊，儲存於指定路徑及檔名：

路徑	檔名
C:\ANS.CSF\ED02	**ATA02.dwg**

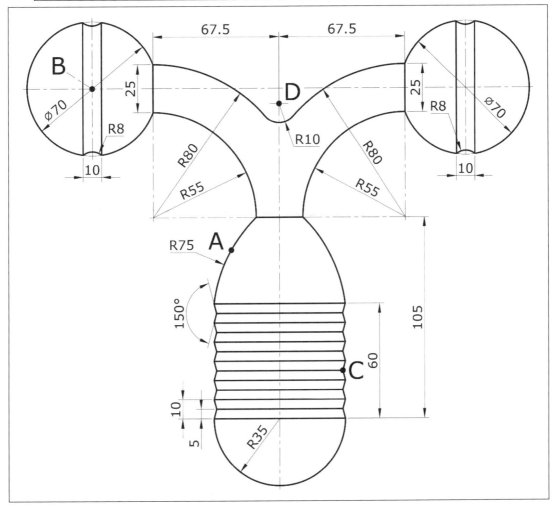

6. 圖形高度為何？ _____

7. 弧 A 中心點至中心點 B 距離為何？ _____

8. 交點 C 至中心點 D 距離為何？ _____

9. 圖形寬度為何？ _____

10. 圖形最外圍面積為何？ _____

三、 試繪出下圖並回答下列五個問題（10分，每小題2分）

完成結果請依下表之資訊，儲存於指定路徑及檔名：

路徑	檔名
C:\ANS.CSF\ED03	**ATA03.dwg**

上方圖形=下方圖形*0.75倍+鏡射

11. 交點 A 至交點 B 距離為何？ _____

12. 中心點 C 至中點 D 角度為何？ _____

13. 區域 E 周長為何？ _____

14. 斜線區域面積為何？ _____

15. 圖形最外圍面積為何？ _____

四、 試繪出下圖並回答下列五個問題（15分，每小題3分）

完成結果請依下表之資訊，儲存於指定路徑及檔名：

路徑	檔名
C:\ANS.CSF\ED04	**ATA04.dwg**

16. 中點 A 至中點 B 距離為何？ _____

17. 弧 C 至弧 D 中心點距離為何？ _____

18. 交點 E 至弧 F 中心點距離為何？ _____

19. 區域 G 扣除內孔面積為何？ _____

20. 圖形最外圍面積為何？ _____

五、 試繪出下圖並回答下列五個問題（15 分，每小題 3 分）

完成結果請依下表之資訊，儲存於指定路徑及檔名：

路徑	檔名
C:\ANS.CSF\ED05	**ATA05.dwg**

21. 圓形 A 直徑為何？ _____

22. 端點 B 至端點 C 距離為何？ _____

23. 區域 D 扣除內孔面積為何？ _____

24. 中點 E 至弧 F 中心點角度為何？ _____

25. 區域 G 與區域 H 皆扣除內孔後面積為何？ _____

六、 試繪出下圖並回答下列五個問題（20分，每小題4分）

完成結果請依下表之資訊，儲存於指定路徑及檔名：

路徑	檔名
C:\ANS.CSF\ED06	ATA06.dwg

26. 中點 A 至交點 B 距離為何？ _____

27. 中點 C 至交點 D 距離為何？ _____

28. 區域 E 面積為何？ _____

29. 中點 F 至中心點 G 距離為何？ _____

30. 圖形最外圍面積為何？ _____

中華民國電腦技能基金會
Computer Skills Foundation

電腦輔助平面製圖 AutoCAD 2016

範例試卷

【認證說明與注意事項】

一、本項考試包含測驗題及操作題，所需總時間為 100 分鐘，時間結束前需完成所有考試動作。成績計算滿分為 100 分，合格分數為 70 分。

二、測驗題考試時間為 20 分鐘，操作題考試時間為 80 分鐘，唯測驗題剩餘時間會加至操作題測驗時間。

三、測驗題為單、複選混合二十題，每題 1 分，小計 20 分。操作題為六大題三十小題，第一大題至第三大題每題 10 分、第四大題至第五大題每題 15 分、第六大題 20 分，小計 80 分。

四、測驗題直接出現於電腦螢幕，請依序作答。計時終了，所填入之答案將自動存檔，且不得再作更改。

五、操作題請按照題意作答，再將求取之答案輸入填答視窗中，請以實際數值取至小數點第四位輸入，多餘位數四捨五入。

六、操作題題意未要求修改之設定值，以原始設定為準，不需另設。計時終了，所填入之答案將自動存檔，且不得再作更改。

七、各題之繪圖檔必須依題目指示儲存於 C:\ANS.CSF\各指定資料夾備查，作答測驗結束前必須自行存檔，並關閉所有答題軟體工具，檔案名稱錯誤或未符合存檔規定及未自行存檔者，得以零分計算。

八、試卷內 0 為阿拉伯數字，O 為英文字母，作答時請先確認。所有滑鼠左右鍵位之訂定，以右手操作方式為準，操作者請自行對應鍵位。

九、有問題請舉手發問，切勿私下交談。

壹、測驗題 20%(為單、複選混合題，每題 1 分)

  題目直接出現於電腦螢幕，請依序作答。

01. 未取得 AutoCAD 2016 授權碼之前，有幾天的緩衝時間可以暫時執行？
    (A) 7 天
    (B) 10 天
    (C) 20 天
    (D) 30 天

02. 性質 PROPERTIES 的快速鍵為下列哪一項？
    (A) [Ctrl]+[P]
    (B) [Ctrl]+[R]
    (C) [Ctrl]+[1]
    (D) [Ctrl]+[2]

03. 「NEW 新圖/從草圖開始/公制」，若以 mm 為繪圖單位，下列哪一項正確？
    (A) 內定圖面範圍為 A1
    (B) 內定圖面範圍為 A2
    (C) 內定圖面範圍為 A3
    (D) 內定圖面範圍為 A4

04. XLINE 的副選項中，下列哪一項可用來繪製角平分線？
    (A) A
    (B) B
    (C) O
    (D) V

05. 「編修指令/物件選取方式/移除選集」，下列哪一項操作正確？
    (A) [Ctrl]+選取物件
    (B) [Shift]+選取物件
    (C) [Ctrl]+[Shift]+選取物件
    (D) [Ctrl]+[Alt]+選取物件

06. 關聯式陣列的環形陣列功能敘述，下列哪些正確？（**複選**）
    (A) 指令是 ARRAYPALOR
    (B) 指令是 ARRAYPOLAR
    (C) 副選項 RO 可設定項目是否旋轉項目
    (D) 副選項 ROT 可設定項目是否旋轉項目

07. 可控制 ZOOM/PAN 的平滑視圖轉移特效系統變數為下列哪一項？
    (A) VTDISPLAY
    (B) VTENABLE
    (C) ZOOMPANMODE
    (D) SMOOTHMODE

08. TEXT 書寫文字時，下列哪些副選項可以將文字置中對齊？（**複選**）
    (A) M
    (B) A
    (C) F
    (D) MC

09. 「填充線 HATCH 建立/性質面板」，填充線類型選單有下列哪些？（**複選**）
    (A) 實體
    (B) 漸層
    (C) 樣式
    (D) 使用者定義

10. 關於圖層性質管理員的圖層設定功能，下列哪些正確？（**複選**）
    (A) 可設定圖層是否出圖
    (B) 可設定圖層的顏色與線型
    (C) 可設定圖層的描述
    (D) 可設定圖層的透明度

11. 關於 0 層物件建立圖塊時的顏色影響，下列哪些敘述正確？（**複選**）
    (A) 建立時若物件顏色為 Bylayer，則 INSERT 後顏色=所屬圖層顏色
    (B) 建立時若物件顏色為 Byblock，則 INSERT 後顏色=CECOLOR 設定
    (C) 建立時若物件顏色為 Bylayer，則可單獨變更圖塊顏色
    (D) 建立時若物件顏色為 Byblock，則可單獨變更圖塊顏色

12. 關於標註型式的「符號與箭頭」設定項目，下列哪些敘述正確？（**複選**）
    (A) 可控制選擇中心標記
    (B) 可控制延伸線長度是否固定
    (C) 可控制標註切斷的切斷大小
    (D) 可控制弧長符號的位置

13. 關於在模型空間繪製主體圖形，下列哪一項敘述錯誤？
    (A) 可用公釐 mm 為繪圖單位，1:1 依實際尺寸繪製
    (B) 可用公分 cm 為繪圖單位，1:1 依實際尺寸繪製
    (C) 可用公尺 m 為繪圖單位，1:1 依實際尺寸繪製
    (D) 依照所需的比例尺先將尺寸換算後再行繪製到圖面中

14. 控制傳統的下拉式功能表顯示或隱藏的系統變數為下列哪一項？
    (A) DISPLAYBAR
    (B) POPUPBAR
    (C) TOOLBAR
    (D) MENUBAR

15. 以設計中心展開某一圖檔後，有下列哪些具名物件？（**複選**）
    (A) 文字型式、表格型式與標註型式
    (B) 配置、外部參考
    (C) 線型、多重引線型式
    (D) 圖層、圖塊

16. 釋放後的 AutoCAD Express Tools 欲重新載入，下列哪些指令正確？（**複選**）
    (A) CUILOAD
    (B) MENULOAD
    (C) EXPRESSADD
    (D) EXPRESSTOOLS

17. 欲編輯 AutoCAD 快捷鍵檔，可從下列哪一項執行？
    (A)「常用頁籤/自訂功能面板/編輯別名」
    (B)「檢視頁籤/自訂功能面板/編輯別名」
    (C)「註解頁籤/自訂功能面板/編輯別名」
    (D)「管理頁籤/自訂功能面板/編輯別名」

18. 圖紙集管理員，快捷鍵與加速鍵為下列哪些？（**複選**）
    (A) 加速鍵是[Ctrl]+[3]
    (B) 加速鍵是[Ctrl]+[4]
    (C) 快捷鍵是 SSM
    (D) 快捷鍵是 SST

19. 功能區面板「動作錄製器」在下列哪一項頁籤內？
    (A) 常用
    (B) 管理
    (C) 插入
    (D) 輸出

20. 利用電腦或手機進行 A360 雲端線上協同作業，下列哪一項正確？
    (A) 必須安裝 AutoCAD 與 DWG 檢視器
    (B) 只需安裝 AutoCAD
    (C) 只需安裝 DWG 檢視器
    (D) 完全不需安裝 AutoCAD 與 DWG 檢視器

貳、操作題 80%(第一至第三題每題 10 分、第四至第五題每題 15 分、第六題 20 分)

請依照試卷指示繪圖、求取相關資料，並依題號將資料填入填答視窗中，詳細作答方式請參考注意事項五，若作答方式錯誤將會影響評分結果。

一、試繪出下圖並回答下列五個問題（10 分，每小題 2 分）

完成結果請依下表之資訊，儲存於指定路徑及檔名：

路徑	檔名
C:\ANS.CSF\ED01	**ATA01.dwg**

1. 弧 A 的直徑為何？_____

2. 弧 A 至弧 B 兩中心點距離為何？_____

3. 弧 C 至弧 D 兩中心點距離為何？_____

4. 圖形水平總長度為何？_____

5. 圖形最外圍扣除內孔面積為何？_____

二、試繪出下圖並回答下列五個問題（10分，每小題2分）
完成結果請依下表之資訊，儲存於指定路徑及檔名：

路徑	檔名
C:\ANS.CSF\ED02	**ATA02.dwg**

註：建議使用參數式繪製

6. 直徑 A 為何？ _____

7. 直徑 B 為何？ _____

8. 直徑 C 為何？ _____

9. 中心點 D 至中心點 E 距離為何？ _____

10. 圖形最外圍面積為何？ _____

三、 試繪出下圖並回答下列五個問題（10分，每小題2分）

完成結果請依下表之資訊，儲存於指定路徑及檔名：

路徑	檔名
C:\ANS.CSF\ED03	**ATA03.dwg**

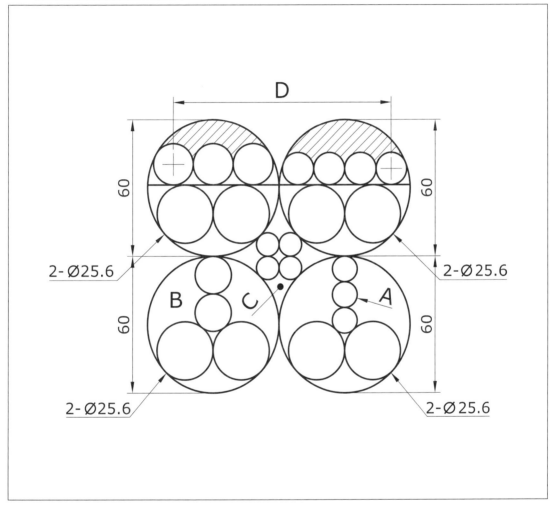

11. 圓 A 直徑為何？_____

12. 區域 B 周長為何？_____

13. 區域 C 面積為何？_____

14. 水平距離 D 為何？_____

15. 斜線區域面積為何？_____

四、 試繪出下圖並回答下列五個問題（15分，每小題3分）

完成結果請依下表之資訊，儲存於指定路徑及檔名：

路徑	檔名
C:\ANS.CSF\ED04	**ATA04.dwg**

E局部視圖

偏移複製後左右兩側弧延伸至邊界

16. 交點 A 至端點 B 角度為何？＿＿＿＿＿＿＿＿＿＿＿＿＿＿＿＿＿

17. 交點 C 至端點 D 距離為何？＿＿＿＿＿＿＿＿＿＿＿＿＿＿＿＿＿

18. 區域 F 與區域 G 皆扣除內孔後面積為何？＿＿＿＿＿＿＿＿＿＿＿

19. 斜線區域面積為何？＿＿＿＿＿＿＿＿＿＿＿＿＿＿＿＿＿＿＿＿＿

20. 圖形最外圍面積為何？＿＿＿＿＿＿＿＿＿＿＿＿＿＿＿＿＿＿＿＿

五、 試繪出下圖並回答下列五個問題（15分，每小題3分）
完成結果請依下表之資訊，儲存於指定路徑及檔名：

路徑	檔名
C:\ANS.CSF\ED05	**ATA05.dwg**

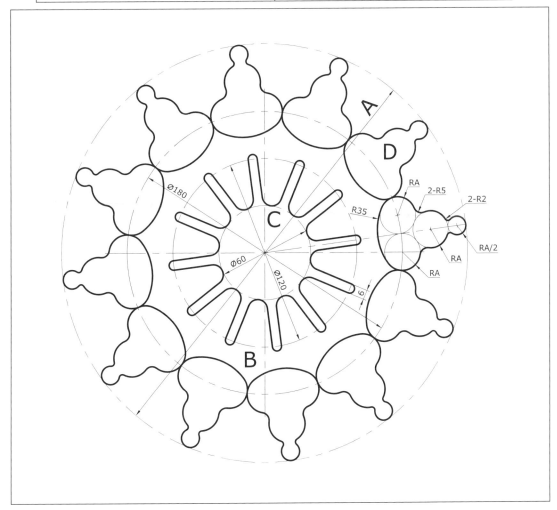

21. 圖形最大直徑 A 為何？_____

22. 區域 B 扣除內孔面積為何？_____

23. 區域 C 周長為何？_____

24. 區域 D 周長為何？_____

25. 圖形最外圍面積為何？_____

六、 試繪出下圖並回答下列五個問題（20分，每小題4分）
完成結果請依下表之資訊，儲存於指定路徑及檔名：

路徑	檔名
C:\ANS.CSF\ED06	**ATA06.dwg**

26. 交點 A 至端點 B 距離為何？＿＿＿＿＿＿＿＿＿＿＿＿＿＿＿＿＿＿

27. 交點 C 至弧 D 中心點距離為何？＿＿＿＿＿＿＿＿＿＿＿＿＿＿＿＿

28. 區域 G 面積為何？＿＿＿＿＿＿＿＿＿＿＿＿＿＿＿＿＿＿＿＿＿＿

29. 交點 E 至四分點 F 距離為何？＿＿＿＿＿＿＿＿＿＿＿＿＿＿＿＿＿

30. 圖形扣除內孔面積為何？＿＿＿＿＿＿＿＿＿＿＿＿＿＿＿＿＿＿＿

範例試卷標準答案

範例試卷編號：AT6-0001

一、測驗題答案

01.	02.	03.	04.	05.
CD	D	AC	BCD	AC
06.	07.	08.	09.	10.
ABC	AC	AC	C	AC
11.	12.	13.	14.	15.
AD	BC	AD	AC	AC
16.	17.	18.	19.	20.
BCD	B	ABC	AC	A

二、操作題答案

01.	02.	03.	04.	05.
115.3927	102.5763	3806.9340	969.8071	6757.5430
06.	07.	08.	09.	10.
90.8527	243.5533	2785.1377	212.1586	738.6083
11.	12.	13.	14.	15.
84.1676	164.0943	244.2465	561.7675	7030.1534
16.	17.	18.	19.	20.
17.5948	67.9674	160.2944	79.0918	3248.0000
21.	22.	23.	24.	25.
66.6824	167.3809	2160.8513	219.7446	5316.6264
26.	27.	28.	29.	30.
860.6720	653.3202	32688.0000	50084.3333	361890.0000

範例試卷編號：AT6-0002

01.	02.	03.	04.	05.
C	A	B	ABC	BD
06.	07.	08.	09.	10.
AC	D	BD	BC	AB
11.	12.	13.	14.	15.
ACD	ABD	BCD	C	D
16.	17.	18.	19.	20.
AB	B	ABCD	BC	ABCD

二、操作題答案

01.	02.	03.	04.	05.
103.8161	87.3022	50.1079	258.2623	8484.5863
06.	07.	08.	09.	10.
242.1410	185.1616	143.5321	270.3835	20645.8041
11.	12.	13.	14.	15.
100.9967	319.0833	254.9915	3836.4734	14236.0928
16.	17.	18.	19.	20.
101.5168	201.7252	435.4720	6084.9363	13512.1579
21.	22.	23.	24.	25.
82.0101	111.0371	6947.1363	298.1605	5403.3582
26.	27.	28.	29.	30.
537.3259	499.3576	6196.2817	423.9819	419907.1598

範例試卷編號：AT6-0003

一、測驗題答案

01.	02.	03.	04.	05.
D	C	C	B	B
06.	07.	08.	09.	10.
BD	B	AD	ABCD	ABCD
11.	12.	13.	14.	15.
ABD	ACD	D	D	ABCD
16.	17.	18.	19.	20.
ABD	D	BC	B	D

二、操作題答案

01.	02.	03.	04.	05.
657.3385	395.7514	132.3680	182.8430	2043.4146
06.	07.	08.	09.	10.
20.1648	7.4096	10.8776	77.0560	2981.8262
11.	12.	13.	14.	15.
11.2848	153.3837	104.2242	99.4580	1010.0215
16.	17.	18.	19.	20.
215.7375	133.2786	5956.5970	3228.3231	18373.4262
21.	22.	23.	24.	25.
266.1435	13621.8213	910.5599	174.4251	37908.0931
26.	27.	28.	29.	30.
91.9239	80.7035	427.3399	96.3813	2004.9858

附　　　錄

TQC+ 專業設計人才認證簡章

TQC+ 專業設計人才認證是針對職場專業領域職務需求所開發之證照考試。應考人請於報名前詳閱簡章各項說明內容,並遵守所列之各項規範,如有任何疑問,請洽各區推廣中心詢問。簡章內容如有修正部分,將於網站首頁明顯處公告,不另行個別通知。

壹、 報名及認證方式

一、 本年度報名與認證日期

各場次認證日三週前截止報名，詳細認證日期請至 TQC+ 認證網站查詢（http://www.tqcplus.org.tw），或洽各考場承辦人員。

二、 認證報名

1. 報名方式分為「個人線上報名」及「團體報名」二種。

   (1) 個人線上報名

   A. 登錄資料

   a. 請連線至 TQC+ 認證網，網址為
   http://www.TQCPLUS.org.tw

   b. 選擇網頁上「考生服務」選項，開始進行線上報名。如尚未完成註冊者，請選擇『註冊帳號』選項，填入個人資料。如已完成註冊者，直接選擇『登入系統』，並以身分證統一編號及密碼登入。

   c. 依網頁說明填寫詳細報名資料。姓名如有罕用字無法輸入者，請按 CMEX 圖示下載 Big5-E 字集。並於設定個人密碼後送出。

   d. 應考人完成註冊手續後，請重新登入即可繼續報名。

   B. 執行線上報名

   a. 登入後請查詢最新認證資訊。

   b. 選擇欲報考之科目。

   C. 選擇繳款方式

   系統顯示乙組銀行虛擬帳號，同時並顯示應繳金額，請列印該畫面資料，並依下列任何一種方式一次繳交認證費用。

   a. 持各金融機構之金融卡至各金融機構 ATM（金融提款機）轉帳。

   b. 至各金融機構臨櫃繳款。

   c. 電話銀行語音轉帳。

d. 網路銀行繳款

　　繳費時可能需支付手續費，費用依照各銀行標準收取，不包含於報名費中。應考人依上述任一方式繳款後，系統查核後將發送電子郵件確認報名及繳費手續完成，應考人收取電子郵件確認資料無誤後，即完成報名手續。

D. 列印資料

　　上述流程中，應考人如於各項流程中，未收到電子郵件時，皆可自行上網至原報名網址以個人帳號密碼登入系統查詢列印，匯款及各項相關資料請自行保存，以利未來報名查詢。

(2) 團體報名

　　20 人以上得團體報名，請洽各區推廣中心，有專人提供服務。

2. 各科目報名費用，請參閱 TQC+ 認證網站。

3. 各項科目凡完成報名程序後，除因本身之傷殘、自身及一等親以內之婚喪、重病或天災等不可抗力因素，造成無法於報名日期應考時，得依相關憑證辦理延期手續（以一次為限且不予退費），請報名應考人確認認證考試時間及考場後再行報名，其他相關規定請參閱「四、注意事項」。

4. 凡領有身心障礙證明報考 TQC+ 各項測驗者，每人每年得申請全額補助報名費四次，科目不限，同時報名二科即算二次，餘此類推，報名卻未到考者，仍計為已申請補助。符合補助資格者，應於報名時填寫「身心障礙者報考 TQC+ 認證報名費補助申請表」後，黏貼相關證明文件影本郵寄至本會各區推廣中心申請補助。

三、 認證方式

1. 本項認證採電腦化認證，應考人須依題目要求，以滑鼠及鍵盤操作填答應試。

2. 試題文字以中文呈現，專有名詞視需要加註英文原文。

3. 題目類型

(1) 測驗題型：

　　A. 區分單選題及複選題，作答時以滑鼠左鍵點選。學科認證結束前均可改變選項或不作答。

　　B. 該題有附圖者可點選查看。

(2) 操作題型：

    A. 請依照試題指示，使用各報名科目特定軟體進行操作或填答。

    B. 考場提供 Microsoft Windows 內建輸入法供應考人使用。若應考人需使用其他輸入法，請於報名時註明，並於認證當日自行攜帶合法版權之輸入法軟體應考。但如與系統不相容，致影響認證時，責任由應考人自負。

四、 注意事項

1. 本認證之各項試場規則，參照考試院公布之『國家考試試場規則』辦理。

2. 於填寫報名表之個人資料時，請務必於傳送前再次確認檢查，如有輸入錯誤部分，得於報名截止日前進行修正。報名截止後若有因資料輸入錯誤以致影響應考人權益時，由應考人自行負責。

3. 凡完成報名程序後，除因本身之傷殘、自身及一等親以內之婚喪、重病或天災等不可抗力因素，造成無法於報名日期應考時，得依相關憑證辦理延期手續（以一次為限且不予退費），請報名應考人確認後再行報名。

4. 應考人需具備基礎電腦操作能力，若有身心障礙之特殊情況應考人，需使用特殊電腦設備作答者，請於認證舉辦 7 日前與主辦單位聯繫，以便事先安排考場服務，若逕自報名而未告知主辦單位者，將與一般應考人使用相同之考場電腦設備。

5. 參加本項認證報名不需繳交照片，但請於應試時攜帶具照片之身分證件正本備驗（國民身分證、駕照等）。未攜帶證件者，得於簽立切結書後先行應試，但基於公平性原則，應考人須於當天認證考試完畢前，請他人協助送達查驗，如未能及時送達，該應考人成績皆以零分計算。

6. 非應試用品包括書籍、紙張、尺、皮包、收錄音機、行動電話、呼叫器、鬧鐘、翻譯機、電子通訊設備及其他無關物品不得攜帶入場應試，違者扣分，並得視其使用情節加重扣分或扣減該項全部成績。（請勿攜帶貴重物品應試，考場恕不負保管之責。）

7. 認證時除在規定處作答外，不得在文具、桌面、肢體上或其他物品上書寫與認證有關之任何文字、符號等，違者作答不予計分；亦不得左顧右盼、意圖窺視、相互交談、抄襲他人答案、便利他人窺視答案、自誦答案、以暗號告訴他人答案等，如經勸阻無效，該科目將不予計分。

8. 若遇考場設備損壞，應考人無法於原訂場次完成認證時，將遞延至下一場次重新應考；若無法遞延者，將擇期另行舉辦認證或退費。

9. 認證前發現應考人有下列各款情事之一者，取消其應考資格。證書核發後發現者，將撤銷其認證及格資格並吊銷證書。其涉及刑事責任者，移送檢察機關辦理：

   (1) 冒名頂替者。

   (2) 偽造或變造應考證件者。

   (3) 自始不具備應考資格者。

   (4) 以詐術或其他不正當方法，使認證發生不正確之結果者。

10. 請人代考者，連同代考者，三年內不得報名參加本認證。請人代考者及代考者若已取得 TQC+ 證書，將吊銷其證書資格。其涉及刑事責任者，移送檢察機關辦理。

11. 意圖或已將試題或作答檔案攜出試場或於認證中意圖或已傳送試題者將被視為違反試場規則，該科目不予計分並不得繼續應考當日其餘科目。

12. 本項認證試題採亂序處理，考畢不提供試題紙本，亦不公布標準答案。

13. 應考時不得攜帶無線電通訊器材（如呼叫器、行動電話等）入場應試。認證中通訊器材鈴響，將依監場規則視其情節輕重，扣除該科目成績五分至二十分，通聯者將不予計分。

14. 應考人已交卷出場後，不得在試場附近逗留或高聲喧嘩、宣讀答案或以其他方式指示場內應考人作答，違者經勸阻無效，將不予計分。

15. 應考人入場、出場及認證中如有違反規定或不服監試人員之指示者，監試人員得取消其認證資格並請其離場。違者不予計分，並不得繼續應考當日其餘科目。

16. 應考人對試題如有疑義，得於當科認證結束後，向監場人員依試題疑義處理辦法申請。

貳、 成績與證書

一、 合格標準

1. 各項認證成績滿分均為 100 分，應考人該科成績達 70（含）分以上為合格。
2. 成績計算以四捨五入方式取至小數點第一位。

二、 成績公布與複查

1. 各科目認證成績將於認證結束次工作日起算兩週後，公布於 TQC+ 認證網站，應考人可使用個人帳號登入查詢。
2. 認證成績如有疑義，可申請成績複查。請於認證成績公告日後兩週內（郵戳為憑）以書面方式提出複查申請，逾期不予受理（以一次為限）。
3. 請於 TQC+ 認證網站下載成績複查申請表，填妥後寄至本會各區推廣中心辦理。每科目成績複查及郵寄費用為新台幣壹佰伍拾元整。
4. 成績複查結果將於十五日內通知應考人；遇有特殊原因不能如期複查完成，將酌予延長並先行通知應考人。
5. 應考人申請複查時，不得有下列行為：
   (1) 申請閱覽試卷。
   (2) 申請為任何複製行為。
   (3) 要求提供申論式試題參考答案。
   (4) 要求告知命題委員、閱卷委員之姓名及有關資料。

三、 證書核發

1. 單科證書：
   單科證書於各科目合格後，於一個月後主動寄發至應考人通訊地址，無須另行申請。
2. 人員別證書：
   應考人之通過科目，符合各人員別發證標準時，可申請頒發證書，每張證書申請及郵寄費用為新台幣壹佰伍拾元整。
   請至 TQC+ 認證網站進行線上申請，步驟如下：
   (1) 填寫線上證書申請表，並確認各項基本資料。
   (2) 列印填寫完成之申請表。

(3) 黏貼身分證正反面影本。

(4) 繳交換證費用

申請表上包含乙組銀行虛擬帳號及應繳金額，請以轉帳或臨櫃繳款方式繳交換證費用。該組帳號僅限當次申請使用，請勿代繳他人之相關費用。

繳費時可能需支付銀行手續費，費用依照各銀行標準收取，不包含於申請費用中。

(5) 以掛號郵寄申請表至以下地址：

台北市 105 松山區八德路三段 2 號 6 樓

『TQC+ 專業設計人才認證服務中心』收

3. 各項繳驗之資料，如查證為不實者，將取消其頒證資格。相關資料於審查後即予存查，不另附還。

4. 若應考人通過科目數，尚未符合發證標準者，可保留通過科目成績，待符合發證標準後申請。

5. 為契合證照與實務工作環境，認證成績有效期限為 5 年（自認證日起算），逾時將無法換發證書，需重新應考。

6. 人員別證書申請每月 1 日截止收件(郵戳為憑)，當月月底以掛號寄發。

7. 單科證書如有毀損或遺失時，請依人員別證書發證方式至 TQC+ 認證網站申請補發。

參、 本辦法未盡事宜者，主辦單位得視需要另行修訂

本會保有修改報名及測驗等相關資料之權利，若有修改恕不另行通知。最新資料歡迎查閱本會網站！

（TQC+ 各項測驗最新的簡章內容及出版品服務，以網站公告為主）

本會網站：http://www.CSF.org.tw

考生服務網：http://www.TQCPLUS.org.tw

肆、 聯絡資訊

應考人若需取得最新訊息，可依下列方式與我們連繫：

TQC+ 專業設計人才認證網：http://www.TQCPLUS.org.tw

電腦技能基金會網站：http://www.csf.org.tw

TQC+ 專業設計人才認證推廣中心聯絡方式及服務範圍：

北區推廣中心

新竹縣市（含）以北，包括宜蘭縣、花蓮縣及金馬地區

地　　址：台北市 105 松山區八德路三段二號 6 樓

服務電話：(02) 2577-8806

中區推廣中心

苗栗縣至嘉義縣市，包括南投地區

地　　址：台中市 406 北屯區文心路 4 段 698 號 24 樓

服務電話：(04) 2238-6572

南區推廣中心

台南縣市（含）以南，包括台東縣及澎湖地區

地　　址：高雄市 807 三民區博愛一路 366 號 7 樓之 4

服務電話：(07) 311-9568

TQC+ 問題反應表

親愛的讀者：

　　感謝您購買「TQC+ 電腦輔助平面製圖認證指南 AutoCAD 2016」，雖然我們經過縝密的測試及校核，但總有百密一疏、未盡完善之處。如果您對本書有任何建言或發現錯誤之處，請您以最方便簡潔的方式告訴我們，作為本書再版時更正之參考。謝謝您！

讀　　　　者　　　　資　　　　料			
公 司 行 號		姓　　名	
聯 絡 住 址			
E-mail Address			
聯 絡 電 話	（O）	（H）	
應用軟體使用版本			
使 用 的 P C		記憶體	
對 本 書 的 建 言			

勘　　　　誤　　　　表		
頁 碼 及 行 數	不當或可疑的詞句	建 議 的 詞 句
第　　　　頁		
第　　　　行		
第　　　　頁		
第　　　　行		

覆函請以傳真或逕寄：

地　址： 台北市105八德路三段2號6樓
　　　　　中華民國電腦技能基金會 出版管理中心 收

TEL： (02)25778806 轉 760

FAX： (02)25778135

E-MAIL： master@mail.csf.org.tw

讀者回函

購書書名：TQC+ 電腦輔助平面製圖認證指南 AutoCAD 2016 書號：＿＿＿＿＿＿

姓名：＿＿＿＿＿＿＿＿＿＿＿＿＿性別：□ 男 □ 女 年齡：＿＿＿＿＿＿＿

電子郵件：＿＿＿＿＿＿＿＿＿＿＿＿＿電話：＿＿＿＿＿＿＿＿＿＿＿＿＿

地址：＿＿＿＿＿＿＿＿＿＿＿＿＿＿＿＿＿＿＿＿＿＿＿＿＿＿＿＿＿＿＿

職業：□ 軍 □ 公 □ 教 □ 商 □ 學生 □ 資訊從業人員 □ 其他＿＿＿＿＿＿

學歷：□ 研究所以上 □ 大學 □ 專科 □ 高中職 □ 其他＿＿＿＿＿＿＿＿＿

購買過本會所出版的書籍：

TQC 系列

□ TQC 實力養成暨評量 　　　　　□ TQC 實力養成暨評量解題秘笈

□ TQC 特訓教材 　　　　　　　　□ TQC 動態解題光碟

TQC+ 系列

□ TQC+ 建築設計領域認證指南 　　□ TQC+ 建築設計領域認證指南解題秘笈

□ TQC+ 工程設計領域認證指南 　　□ TQC+ 工程設計領域認證指南解題秘笈

□ TQC+ 電路設計領域認證指南 　　□ TQC+ 電路設計領域認證指南解題秘笈

□ TQC+ 軟體設計領域認證指南 　　□ TQC+ 軟體設計領域認證指南解題秘笈

□ TQC+ 視傳設計領域認證指南 　　□ TQC+ 視傳設計領域認證指南解題秘笈

您認為我們應該增加哪方面的電腦書籍？（可複選，並註明需求）

□ 企業電子化系列 　　□ CAE 工程分析系列 　　□ 專案管理系列

□ 其他＿＿＿＿＿＿＿＿＿＿＿＿＿＿＿＿＿＿＿＿＿＿＿＿＿＿＿＿＿

您最常購買書籍的管道：（可複選）

□ 連鎖書店 □ 專業電腦書店 □ 一般書店 □ 電腦商場

□ 展覽會場 □ 線上購書 □ 郵購 □ 學校統一訂購

您是否願意收到本會的最新產品或相關訊息 □ 願意 □ 不願意

其他的建議：＿＿＿＿＿＿＿＿＿＿＿＿＿＿＿＿＿＿＿＿＿＿＿＿＿＿＿

⁘ 如蒙回覆，將可優先獲得本會各項活動訊息，以及讀者優惠活動 ⁘

國家圖書館出版品預行編目資料

TQC+電腦輔助平面製圖認證指南 AutoCAD 2016 /
財團法人中華民國電腦技能基金會編著. -- 初版.
-- 新北市：全華圖書, 2016.01
    面；　公分
ISBN 978-986-463-144-5(平裝附光碟)

    1.AutoCAD 2016(電腦程式) 2.考試指南

312.49A97   105000840

TQC+電腦輔助平面製圖認證指南 AutoCAD 2016(附練習光碟)

編著 / 財團法人中華民國電腦技能基金會

執行編輯 / 周映君

封面設計 / 楊昭琅

發行人 / 陳本源

出版者 / 全華圖書股份有限公司

郵政帳號 / 0100836-1 號

印刷者 / 宏懋打字印刷股份有限公司

圖書編號 / 19330007-10502

定價 / 新台幣 420 元

ISBN / 978-986-463-144-5 (平裝附光碟片)

全華圖書 / www.chwa.com.tw

全華網路書店 Open Tech / www.opentech.com.tw

若您對書籍內容、排版印刷有任何問題，歡迎來信指導 book@chwa.com.tw

臺北總公司(北區營業處)
地址：23671 新北市土城區忠義路 21 號
電話：(02) 2262-5666
傳真：(02) 6637-3695、6637-3696

中區營業處
地址：40256 臺中市南區樹義一巷 26 號
電話：(04) 2261-8485
傳真：(04) 3600-9806

南區營業處
地址：80769 高雄市三民區應安街 12 號
電話：(07) 381-1377
傳真：(07) 862-5562